高寒地区混凝土坝-地基体系抗震性能数值模拟与工程应用

职保平　秦净净　高延鸿　等　著

中国水利水电出版社
www.waterpub.com.cn

·北京·

内 容 简 介

　　本书以高寒地区混凝土坝为主要研究对象，重点阐述不同边界坝-地基地震特性及冻融环境下混凝土坝非线性动力损伤及破坏机理。本书紧扣高寒地区大坝地震动破坏这一主题，在梳理国内外研究现状的基础上，系统总结不同人工边界地震动输入方式、地震波斜入射引起的地面运动非一致变化对坝结构地震响应影响，通过高寒地区典型筑坝混凝土材料冻融循环试验，构建混凝土损伤本构模型，探索基于冻土严寒区的高混凝土坝动力损伤劣化机制。本书主要内容包括动力学方程时域数值计算方法及地震波处理、二维黏弹性人工边界及地震动输入、不同人工边界的高混凝土重力坝地震破坏机理研究、地震波斜入射下混凝土重力坝地震特性研究、冻融循环后混凝土的单调受压试验研究、高寒地区混凝土坝-地基体系抗震分析与安全评价等。

　　本书可供水利水电领域相关科研、设计人员借鉴和参考，也可作为相关专业研究生的参考用书。

图书在版编目（ＣＩＰ）数据

　　高寒地区混凝土坝-地基体系抗震性能数值模拟与工程应用 / 职保平等著. -- 北京 ： 中国水利水电出版社，2022.12
　　ISBN 978-7-5226-1209-6

　　Ⅰ．①高… Ⅱ．①职… Ⅲ．①寒冷地区－混凝土坝－抗震－数值模拟 Ⅳ．①TV642

　　中国国家版本馆CIP数据核字(2023)第003353号

书　　名	高寒地区混凝土坝-地基体系抗震性能数值模拟与工程应用 GAOHAN DIQU HUNNINGTU BA-DIJI TIXI KANGZHEN XINGNENG SHUZHI MONI YU GONGCHENG YINGYONG
作　　者	职保平　秦净净　高延鸿　等著
出版发行	中国水利水电出版社 （北京市海淀区玉渊潭南路 1 号 D 座　100038） 网址：www.waterpub.com.cn E-mail：sales@mwr.gov.cn 电话：(010) 68545888（营销中心）
经　　售	北京科水图书销售有限公司 电话：(010) 68545874、63202643 全国各地新华书店和相关出版物销售网点
排　　版	中国水利水电出版社微机排版中心
印　　刷	天津嘉恒印务有限公司
规　　格	184mm×260mm　16 开本　10.25 印张　249 千字
版　　次	2022 年 12 月第 1 版　2022 年 12 月第 1 次印刷
印　　数	0001—1000 册
定　　价	**78.00 元**

编　委　会

前　言

　　混凝土坝结构安全评估与优化设计理论体系一直是坝工界的研究热点。随着我国在金沙江上游、雅砻江、黄河上游以及雅鲁藏布江大拐弯处的规划与开发，基于高海拔、高寒冷区域特殊环境因素对材料特性、大坝动力响应影响的研究日趋重要。混凝土坝作为一种控制性、节点性工程，其安全稳定性不言而喻，高寒地区大坝地处受冻土层、活动层，受到产生周期性冻融、强辐射等的影响，不可避免地会产生一定损伤作用。基于水电在高寒地区发展的实际需要，考虑冻融环境影响的大坝抗震研究逐渐成为一个重要的研究领域。

　　本书从结构抗震设计理论发展与高寒地区重大工程的建设与应用需要出发，结合课题组在反应谱人工地震波合成与数据处理、不同人工边界的混凝土重力坝地震破坏机理、地震斜入射下混凝土坝非线性动力特性、混凝土冻融弹塑性损伤模型等方面的研究积累，以及西藏自治区水利电力规划勘测设计研究院多年来对高寒地区混凝土劣化情况的调研、劣化防护措施研究、西藏重要水利工程震灾预警、冰湖变化对气候变化的响应等方面的研究积累，通过理论分析、试验研究、数值模拟等，形成系列成果。

　　本书共分为7章：第1章主要介绍了高寒地区的分布与气候特征、混凝土材料冻融损伤、混凝土坝动力特性、混凝土坝体结构损伤机理等方面的国内外研究现状；第2章介绍了动力学方程时域数值计算方法及地震波处理的常规方法；第3章介绍了二维黏弹性人工边界数值模拟、地震动输入方式，探究了地基弹模对高重力坝地基地震能量逸散影响；第4章介绍了黏弹性、无限元边界的计算公式及混凝土弹塑性力学模型，探究了不同人工边界的高混凝土重力坝地震动响应及重力坝地震非线性损伤特性；第5章介绍了二维半空间场地地震斜入射、黏弹性三维地震波斜入射的实现方式，探索了P波斜入射、SV波斜入射下混凝土重力坝动力响应；第6章介绍了混凝土快速冻融试验及冻融循环后混凝土单调受压试验，构建了基于随机损伤理论的受冻融混凝土单轴压本构模型；第7章构建了基于过镇海理论的冻融循环混凝土单轴受压、受拉损伤本构模型，探索了高寒地区混凝土重力坝非线性冻融损伤及破坏机理。

本书的研究内容得到了各方的关注和帮助，使得研究工作进展顺利，在此一并致谢。

首先，感谢中共中央组织部、中共河南省委组织部，将笔者作为博士团成员选派到西藏挂职，获得西藏水电发展的一手资料；感谢西藏自治区科技计划项目冻土严寒地区高坝结构地震动损伤破坏机理研究（XZ201901-GB-01）、河南省二〇二一年科技发展计划概率-区间混合不确定性的巨型渡槽抗震可靠性研究——以沙河槽为例（212102310479）的支持。

其次，感谢黄河水利职业技术学院、西藏自治区水利电力规划勘测设计研究院在研究经费、科研平台、工程实例、人力资源、场地资源等方面的支持。

再次，感谢冻土严寒地区高坝结构地震动损伤破坏机理研究课题组全体成员为本书的撰写所付出的心血，特别是黄河水利职业技术学院秦净净在仿真计算、杨春景在冻融试验等方面的大量付出，以及西藏自治区水利电力规划勘测设计研究院高延鸿的关心与指导，李建峰、赵晓黎等提供的资料与研究支持。

然后，还要感谢大连理工大学马震岳教授、王刚副教授，华北水利水电大学许新勇副教授、白卫峰副教授，西安理工大学宋志强教授在冻融试验与抗震计算中的指导、关心与帮助。

最后，本书参考了许多专家学者的研究成果，尽管尽可能在书中予以标注和说明，挂一漏万在所难免，在此对所有文献的作者表示衷心的感谢。

本书的研究工作是对高寒地区混凝土大坝结构的地震损伤模拟的探索，有些具体的技术问题还有待进一步论证完善，由于作者水平和学识有限，难免存在不妥之处，恳请读者批评指正。

耿稼平

2022 年 7 月

目 录

第1章　绪　　论

1.1　研究背景及意义

水电是世界公认的清洁能源，而且具有高度灵活的储能系统，已经得到成熟应用。水电是低碳发电的支柱之一，更是实现碳达峰与碳中和的重要支撑。如今在全世界范围，水电提供了近一半的电力，其贡献比核能高 55%，也高于包括风能、太阳能光伏、生物能源和地热能所有其他可再生能源的总和。国际能源署发布报告称，2020 年，水电占全球发电量的 17%，是继煤炭和天然气之后的第三大电力来源。

随着我国城市化进程加快，居民生活水平逐年提高，2021 年全国全社会用电量达到 8.31 万亿 kWh，同比增长 10.3%，预计 2022 年全社会用电量同比增长 5%～6%[1]。为适应发展需求，2021 年全国发电装机容量为 23.8 亿 kW，到 2022 年底，全口径发电装机容量将达到 26 亿 kW 左右。全国负荷"冬夏"双高峰特征逐步呈现常态化，迎峰度夏、迎峰度冬期间部分区域电力供需偏紧，未来几年我国保障电力供应的压力仍然存在[2]。

我国河川径流总量约为 27115 万亿 m³，位居世界第 6。为充分利用水资源，全国已经建设了 13 个大水电基地，规划总装机容量超过 28573.58 万 kW，已建成装机容量 16401.43 万 kW，在建装机容量 5408 万 kW，筹建项目装机容量 4390 万 kW，取消或停建项目装机容量 566.4 万 kW，具体见表 1.1。

表 1.1　13 个大水电基地开发现状　　单位：万 kW

水电基地	规划装机容量	已建成装机容量	在建装机容量	筹建装机容量	停建装机容量
金沙江水电基地	7209	3072	3417	720	
雅砻江水电基地	2971	1470	1006	495	
大渡河水电基地	2552	1725.7	398	429	
乌江水电基地	1347.5	1017.5			330
长江上游水电基地	3210.9	2521.5	213	300	176.4
南盘江、红水河水电基地	1208.3	1208.3			
澜沧江干流水电基地	2581.5	1905.5	356		60
黄河上游水电基地	1554.73	1314.73		240	
黄河中游水电基地	596.8	162.8		434	
湘西水电基地	661.3	286			
闽浙赣水电基地	1417	889			
东北水电基地	1131.55	483.4			
怒江水电基地	2132		360	1772	

但全国的水电开发程度仍然较低，整体仅有 39%，尤其是金沙江、雅砻江、大渡河等水电基地，国家发展和改革委员会与国家能源局联合发布的《"十四五"现代能源体系规划》[3] 中指出：到 2025 年，常规水电装机容量达到 3.8 亿千瓦左右；力争到 2025 年，抽水蓄能装机容量达到 6200 万千瓦以上、在建装机容量达到 6000 万千瓦左右；积极推进水电基地建设，推动金沙江上游、雅砻江中游、黄河上游等河段水电项目开工建设；实施雅鲁藏布江下游水电开发等重大工程。为满足国家重大战略需求，积极推进水电基地建设，建设藏东南"西电东送"接续基地，在我国西部修建调节性能好的高坝大库，开发西部丰富水能蕴藏是非常必要的。

然而，金沙江上游、雅砻江、黄河上游以及雅鲁藏布江大拐弯等地处高海拔、高纬度环境，多数属冻土范围，气候、水文、生态系统等带有鲜明的特征，这些环境和地质特征对水电工程建设、工程运行的影响作用当前尚不明晰。

1.2　冻土严寒环境及其对混凝土的损伤研究现状

1.2.1　冻土严寒环境特征

冻土区，即至少连续两年温度在 0℃ 或者低于 0℃，冻土面积超过 100 万 km²，常年不化的寒冰岩土层面积超过 250 万 km²，平均海拔超过 4000m 以上的地区，主要分布在气候寒冷的高纬度地区和高海拔地区。活动层，指覆盖于多年冻土层之上、地表下一定深度内的冬季冻结、夏季融化的土层。活动层是多年冻土区地气间水热交换的主要土层，活动层表层随日照、气温发生短时冻融变化，活动层深层则随着季节发生冻融变化，其土壤中的热力学、水的力学特性随水的含量发生显著变化，因此活动层也被称为"可变热阻""可变水阻"[4]。我国境内的高海拔、高纬度地区主要为青藏高原，具有低温寒冷、温度日变幅大、气候干燥、日照紫外线强烈、风速高、气压低、蒸发量大等环境特点。

1.2.1.1　冻土严寒地区的气候特征

与高纬度多年冻土相比，青藏高原多年冻土总体温度较高、连续性较差、上线埋深较深，这些决定了其对气候变化、外部变化更为敏感[5]。青藏高原的气候具有独特的地域性水热状况组合，总体上呈现由东南温暖湿润向西北寒冷干旱转变的趋势。青藏高原不仅是我国天气和气候的"启动区"，也是我国乃至全球气候变化的敏感区，被认为是"全球气候变化的驱动器和放大器"，其巨大的动力和热力作用很大程度上影响着高原及邻近地区的气候和天气[6-7]。

由于地势高，青藏高原是同纬度带气温最低的区域，1 月和 7 月平均气温都比同纬度东部平原低 15～20℃。其中，高原西北部的羌塘高原为极寒冷区，藏北高原可可西里一带是寒冷区，高原南部和中部是温暖区，高原东南部是东亚季风和印度洋季风影响区，冬季寒冷[8]。自 20 世纪 80 年代后期起，青藏高原气温开始呈现相对稳定的升高趋势，升温幅度明显大于周边其他区域[9]。高原多年冻土的退化趋势明显，青藏高原北侧西大滩和中部安多县两道河青藏公路沿线附近多年冻土面积分别缩小了 12.0% 和 35.6%，呈现多年冻土上限下降、多年冻土厚度减薄、活动层厚度增大、季节冻土冻结深度减小、冻结时间缩短等趋势[10]。青藏高原极端低温事件逐渐减少，而极端高温事件显著增加，特别是在高海拔地区，日最低气温低于 0℃ 的天数减少了 17d，而日最高气温高于 15℃ 的天数增加了 9d[11]。

青藏高原降水量少、地域差异大。降水量空间分布为东南多西北少，自高原东南侧（4000m 以上）向柴达木盆地冷湖一带逐渐减少。雅鲁藏布江下游降水最多，年均降水量可达 4500mm，是高原降水量最少地区的 200 多倍。多年冻土分布下界与降水量关系复杂，我国西部 40°N 以北的天山、阿尔泰等地区，降水量自西向东减少，与年均气温自西向东降低叠加，加剧了多年冻土下界海拔高度逐渐降低的趋势；40°N 以南的青藏高原及以东地区，气温自西向东降低，降水量自西向东增大，其多年冻土下界自西向东降低[12]。

青藏高原海拔高、太阳辐射路径短，总辐射值居全国最高，总量在 5000～8000 MJ/(m²·a)，同纬度东部地区多为 2000～3000MJ/(m²·a)[13]。高原面上总辐射 40 年均值达到 6129J/(m²·a)，近 20 年来，高原东北部、西部及高原腹地地面的有效辐射总体呈现降低趋势，而东南部地面的有效辐射呈现升高趋势[14]。

1.2.1.2　冻土及活动层范围

有研究表明，多年冻土下限深度最大为 95m，最小为 16m，根据 TTOP 模型模拟显示，青藏高原多年冻土、季节冻土的面积分别为 106.4×10⁴km² 和 145.6×10⁴km²（不含冰川和湖泊面积）[15]。多年冻土分布以羌塘高原为中心向周边展开，羌塘高原北部和昆仑山是多年冻土最发育的地区，基本呈现连续或大片分布，随海拔降低，低温向周边地区逐渐升高，过渡为岛状多年冻土区。另一方面，多年冻土层的地下冰储量接近 9528km³[16]，地下冰的存在及其变化是多年冻土区工程的主要问题之一。

参考国家重点基础研究发展计划（"973"计划）项目"冰冻圈变化及其影响研究"第三课题"冻土水热过程及其对气候的响应"的研究成果，冻土区下限深度测点 822 个，青藏高原多年冻土厚度受高度地带性控制，随海拔升高，地温降低、冻土厚度增大。海拔每升高 100m，冻土厚度增加量在高原冻土腹部地区（沿青藏公路）为 20m 左右，而在高原东部为 13～17m。从青藏高原多年冻土厚度分布图可以看出，高山区厚度最大，厚度可以达到 200m 甚至以上，昆仑山与唐古拉山之间的丘陵地带次之（60～130m），高平原及河谷地带最小（0～60m）。

活动层是多年冻土区地气间水热交换的主要土层，也是工程建设的直接接触土层。同样参考该研究成果，活动层深度采样点 126 个：青海 214 国道温泉区高原草甸（海拔4059～4310m），活动层大多在 1～2m，最大深度为 2.6m；藏北高原改则等高寒草原区（海拔 4500m 以上），最大深度为 2.7m；新藏线 219 国道西昆仑等裸地及高寒草原区（海拔 4579～4900m），最大深度为 3.7m；库木库勒盆地北部及阿尔金山区等地高寒荒漠（海拔 4136～4796m）基本在 2.5m 以上，最大深度 4.5m；可可西里无人区卓乃湖周边裸地（海拔 4760m）活动层在 2.5～3m，最大深度 4.0m；西大滩高寒草甸、草原地区（海拔 4356～4617m）活动层大多在 2.5m 以上，最深 3.82m；308 省道沿线（海拔 4377～4743m）活动层平均深度 2.3m，最大深度 4.8m。整体而言，青藏高原活动层厚度平均值为 1.9m，其中 90% 集中在 0.9～2.7m，不同植被类型区的活动层厚度存在差异，随着沼泽草甸-高寒草甸-高寒草原-高寒荒漠类型的变化而增大。

总体而言，青藏高原多年冻土的分布规律主要受海拔控制，因纬度、经度的不同，在高原各区域其海拔控制程度有一定差异。一般情况下，海拔越高，青藏高原多年冻土下限深度越大；随纬度变化的趋势上，多年冻土下限深度表现为北高南低；随经度变化的趋势上，多年冻土下限深度表现为西高东低。局地因素在小区域范围控制多年冻土的发育，地形是最为显著的局地影响因素。

1.2.1.3 活动层冻融过程中的温度变化规律

高海拔地区的水利工程建设，绕不开冻土区及其上部的活动层，这些位置受区域地质、水文条件的影响，土层的导热系数存在极大差异，冻融过程中的导热系数受制于温度和土壤含水率[17]，使得活动层及其建筑物在冻融过程中不同阶段、不同深度温度特征差异极大。

1. 冻融过程中土壤温度变化

依据唐古拉综合观测场 2011—2012 年活动层温度梯度观测，浅层土层温度波动大，冻结期 5～50cm 土壤深度温度日变化特征明显，整个冻结过程中 90cm 以下深度的温度日变化波动区域平缓；融化期 5cm 土壤深度昼夜温度变化最大，达到 8℃，在 5～20cm 深度土壤温度波动大，地表 50cm 以下趋于平缓。这是由于融化过程中土壤导水率趋于增大，土壤中水分流动性在融化状态下增强，非传导性热消耗增加，温度波向下传布深度变浅。

活动层冻融过程中土壤温度在垂直剖面上，在表层深 50cm 左右变化剧烈，在融化期，随温度升高在 8 月下旬达到最大融化深度（大于 300cm），此后土壤冻结深度随温度持续降低而加深，到 11 月冻结深度大于 300cm。有研究表明，土壤在 5～70cm 深度与日均气温呈线性关系，相关系数大于 0.85（$P < 0.01$），整个冻融期，10～90cm 的土壤温度分布变化呈现较高的一致性，且温度变化幅度为 -14～13℃，而 90cm 以下的土壤温度随深度呈对数递减。土壤温度变化滞后于气温变化，滞后时间随深度增加而增大，融化期日最高温度在 300cm 深度上滞后 32d；冻结期日最低温度在 300cm 深度上滞后 49d[19]。

2. 活动层的冻融过程

依据温度和水分的动态变化，活动层的冻融周期[18]分为夏季融化过程、秋季冻结过程、冬季降温过程、春季升温过程 4 个阶段。夏季融化过程，活动层处于吸热过程，热量传输由下向上，融化锋面向下迁移，水分由上向下迁移，水耦合特征较为复杂；秋季冻结过程，活动层融化到最大深度后开始由底部向上冻结，该过程分为两个阶段，由下向上的单向冻结和"零幕层"阶段，水分从融化层向两侧冻结锋面迁移，并冻结、放热，融化层热量传输完全通过水热同步耦合传输实现，其他部分以传导性热量传输为主；冬季降温过程，温度快速降低，此时温度上部低、下部高，梯度逐渐增大，传导性热传输是主要方式，伴随极少量由于温度梯度驱动的未冻水迁移引起的耦合热传输，未冻水趋向于向上迁移，迁移量较少；春季升温过程，活动层升温过程开始，温度梯度减小，地表水分蒸发量增大，水分迁移量也逐步减小，热量传输以传导性热传输为主。

整个过程中，在夏季融化过程和秋季冻结过程中，活动层中的水热耦合特征较为复杂，水分的迁移量极大，而在其他两个阶段，活动层中的水分迁移量较小，热量主要以传导性方式传输。夏季融化过程和秋季冻结过程是水分迁移量大、水热耦合作用强烈的时期，也是多年冻土上限附近地下冰的重要形成时期。

1.2.1.4　活动层冻融过程中水分变化

活动层冻融过程对土壤水分的变化影响很大,由于水分在发生相变时会释放或吸收大量热量,当土壤冻结时会释放热量,其含水量会作用于结构表面。活动层冻融过程中对流热和相变热对活动层水热特征的影响是明显的。在冻融过程的不同阶段,活动层中的水热耦合伴随着水分运输的不同方式而发生变化。在整个冻融期内,温度的变化较为平缓,而水分的变化较为复杂。

唐古拉综合观测场试验表明[19],土壤水分在冻结期内浅层土壤较为稳定,而在融化期内波动较大,活动层在 10cm、20cm 深度含水率达到 25%,而冻结期含水率仅 7%,在 70cm、105cm、140cm、210cm 深度融化期含水率分别为 16%、20%、15%、18%,而冻结期含水率均在 5% 以内;在 245cm、280cm、300cm 深度融化期含水率均在 25% 以上,而冻结期含水率在 7%。在深层 250cm 以下,土壤水分明显增大,说明深层土壤水分条件较好。经过整个冻融过程后,活动层底部,即多年冻土上限附近的水分含量趋于增大,这也是多年冻土上限附近厚层地下冰发育的主要原因。不同植被类型区活动层中参与水-冰相变的水量差异不大,每年每平方米地面下活动层中将有 $0.33 \sim 0.44 m^2$ 的水-冰转化,释放或吸收 $110 \sim 146.78 MJ/m^2$ 的热量,活动层的冻融过程降低了地温的年变化幅度。

1.2.2　冻土严寒环境对混凝土的损伤

混凝土在水工结构中应用广泛,并在未来仍处于主导地位。然而长期以来,我国在混凝土结构设计中,偏重考虑结构的安全性能和使用性能,对复杂多变的环境作用造成的材料和结构耐久性损伤认识不足,建设过程中往往只重视初始投资成本,而忽视工程结构的长期性能;加之施工过程管理不当,不重视维修保养等原因,造成许多重大土木工程的结构性能提前劣化,使用功能和承载能力下降,从而影响到结构的安全使用而不得不提前退役。

我国西部地区的水利工程一般具有规模大、泄水建筑物泄洪流量大且流速高、河水中冲磨介质含量高且成分复杂等特点。针对西部高寒地区水利工程运行所处的独特气候环境条件,水利工程劣化防护措施缺乏,相关劣化防护规程规范和技术标准研究滞后,可供借鉴的经验较少。

1.2.2.1　混凝土冻融破坏现状

实际工程中,由于耐久性不足造成的混凝土结构破坏实例举不胜举,损失也是巨大的。1986 年,美国、澳大利亚等 16 个国家的混凝土领域专家调查了本国混凝土结构的现状,调查结果表明:混凝土结构的破坏主要是来自冻融破坏、钢筋腐蚀和碱-骨料反应这三种[20];据估计,在工业发达国家,建筑工业总投资 40% 以上用于现存结构的修理和维护,60% 以下用于新建设施。据英国 1979 年调查[21],其混凝土结构有 36% 需重建或改建;英国 1980 年的建筑维修费用占建筑总费用的 2/3,为解决海洋环境下钢筋混凝土构筑物的腐蚀与防护问题,每年花费近 20 万英镑,仅英格兰中环线的 11 座高架桥,使用 12 年就严重破坏,维修费用已高达 1.2 亿英镑,为初始造价的 6 倍;日本目前每年仅用于房屋结构维修的费用即达 400 亿日元[22];南非 1981 年用于拆换桥梁、墩柱、挡土墙、路缘、路面、蓄水坝、防波堤、电杆基础等的经费就超过 2700 万英镑;美国 1980 年,有 56 万座公路桥因使用除冰盐引起混凝土冻融剥蚀和钢筋锈蚀,其中有 9 万座需要大修或重建，仅 1978 年一年，经济损失已达 63 亿美元，1991 年提交国会的《国家公路和桥梁现状》报告中指出，美国当时全部混凝土工程价值 6 万亿美元，而每年维修费用高达 300 亿美元；2018 年 2 月，美国发布《美国重建基础设施立法纲要》，拟于 10 年内投入 2000 亿美元联邦基金，后期又将该融资目标提高至 2 万亿美元。与此同时，这些结构物多是在建成 3～10 年内就发现开裂的[23]。

我国混凝土结构的耐久性也不容乐观，类似现象和问题屡见不鲜，甚至更为突出。虽然我国基本建设比发达国家晚 30 多年，但很多已建工程质量堪忧，不少混凝土结构建筑物的使用寿命远远低于设计寿命。曾经驰名中外的安徽佛子岭、梅山、响洪甸三座水坝截至 1997 年年底共亏损 1 亿多元，仅佛子岭 1997 年一年就亏损 1700 万元。而严寒地区的混凝土结构破坏，主要是由于冻融循环引起的损伤累积造成的[24-25]。根据全国水工建筑物耐久性调查资料[26]，在 32 座大型混凝土坝工程、40 余座中小型工程中，22% 的大坝和 21% 的中小型水工建筑物存在冻融破坏问题，大坝混凝土的冻融破坏主要集中在东北、华北、西北地区。尤其在东北严寒地区兴建的水工混凝土建筑物，几乎全部工程局部或大面积地遭受不同程度的冻融破坏。除三北地区普遍发现混凝土的冻融破坏现象外，华东地区的混凝土建筑物也发现有冻融破坏现象。

据 1985 年水电部的一项调查显示，我国水工混凝土的平均服务年限在 30～50 年之间[27]，而我国混凝土结构冻融破坏较严重的"三北"地区几乎全都存在不同程度的冻融损害，这些水工混凝土结构工程有些只服役了 30 年左右，更有些甚至只工作了 20 年就不得不重建[28]。例如位于高寒地区的丰满、云峰、白山、太平哨、桓仁、水丰等大坝，受当地气候条件影响，都有不同程度的冻融损伤破坏，其中最为严重的当属丰满、云峰两座大坝。以丰满大坝为例，由于丰满工程建设于 20 世纪 30 年代的特殊历史时期，坝体的设计和施工都存在较大问题，混凝土质量差、大坝整体性差、混凝土发生冻融破坏、大坝防洪性能不佳、无法满足校核洪水标准要求、抗渗和抗滑指标不达标、大坝整体安全裕度不够、隐蔽工程材质低劣等都暴露出极大的安全隐患。丰满大坝坝址区位置年平均气温只有 5.3℃，日平均最低气温为 −30.7℃，极端天气对大坝冻害严重，大坝年冻融循环次数上游面 133 次，下游面 14 次，坝顶 58 次，下游尾水位变化区达 265 次[29]。黑龙江与内蒙古东部 8 个热电厂的 16 座冷却塔[30]，由于冻融破坏作用有 7 座破损严重，1 座于 1999 年冬季坍塌。长期接触水的梁和立柱等构件，表面剥落严重，1/5～1/2 以上面积露出钢筋。塔内壁、外壁多处发酥，深度在 30～60mm，钢筋外露。

西部地区是全国水电未来发展的高地，已建、在建的水利工程也不同程度地出现了劣化现象，与其他地区相比，西部高寒地区一个最主要的特点就是：气候寒冷、日温差大、辐射强烈。如西藏那曲地区查龙水电站，年最冷月月平均气温为 −13.8℃，极限最低气温达 −41.2℃，年气温正负变化交替次数达 187 次，结冻厚度约 1.0m，混凝土结构极易产生冻融破坏。以下分别介绍献多水电站、查龙电站、满拉水利枢纽工程、松多电站、纳金电站、冰湖水电站，混凝土冻融破坏现状。

1. 献多水电站

献多水电站于 1979 年投产，位于雅鲁藏布江一级支流拉萨河右岸，距拉萨 13km，海拔 3595m，在例行安全鉴定时发现其引水渠出现严重破坏，专家初步断定为阳面混凝土受日照强烈，混凝土温差加大所致；部分现浇大块混凝土出现鼓出现象，此为冻土冻胀的结果；闸墩及溢流坝段受冻融破坏严重，尤其在水位变化区，受干湿交替与冻融循环的双重影响，在混凝土结构的水位变化区，破坏相对较严重，如图 1.1 所示（见文后彩插）。

2. 查龙水电站

查龙水电站于 1995 年投产，位于那曲地区怒江上游那曲河上，海拔 4350m，极端最低气温为−41.2℃，最大结冰厚度达到 1m，最大冻土深度为 2.81m，其溢洪道、泄洪放空洞的过水部位混凝土结构破损较为严重。溢洪道泄槽底板由于受到冻融及高速水流的冲刷，结构表面混凝土普遍存在剥蚀脱落，深度达 8～15cm，有钢筋与止水出露；放空洞底板、侧边墙有被冲刷、冻融剥蚀破坏现象，局部有钢筋出露，其中隧洞出口处泄槽左侧边墙冻融破坏严重；受冻融破坏的影响，导致坝体渗漏，2009 年重新浇筑上层面板混凝土，但聚脲涂层材料的效果并不好，有的区域开始脱落，如图 1.2 所示（见文后彩插）。

3. 满拉水利枢纽工程

满拉水利枢纽工程于 2001 年投产，位于日喀则地区年楚河上游，距江孜县 20km，距日喀则市 118km，为大（2）型工程。满拉水利枢纽工程未出现较大问题，但混凝土受冻融循环作用，无压泄洪隧洞的混凝土边坡、侧堰及边墙混凝土出现局部破坏，库岸喷锚结构处理边坡的水位线以下混凝土出现局部破坏，如图 1.3 所示（见文后彩插）。

4. 松多水电站

松多水电站于 2005 年投产，建于林芝市尼洋河上游二级支流、次波朗河的一级支流波弄多沟，距松多镇 13km，海拔 3500m。大坝溢流面、引水渠启闭架、引水渠外墙等部位混凝土劣化非常严重；混凝土保护层多处剥落，钢筋外露，引水渠渗漏严重，如图 1.4 所示（见文后彩插）。

5. 纳金水电站

纳金水电站于 1965 年投产，1985 年进行技术改造及病险处理。水电站位于拉萨河上，距拉萨市 18km，海拔 3611m。水电站服役状况良好，闸墩、护坡等部位混凝土受水流冲刷、冻融破坏、碳化等因素的影响，剥蚀较严重，如图 1.5 所示（见文后彩插）。

6. 冰湖水电站

冰湖水电站于 1965 年投产，1985 年进行技术改造及病险处理。水电站位于拉萨河上，距拉萨市 18km，海拔 3500m。下游排水槽混凝土墙存在剥落破坏，上游挡水墙存在严重剥落，大坝闸墩沿施工缝剥落破坏严重，尤其是中间闸墩施工缝附近混凝土全部脱落，裂缝宽度达 5cm，如图 1.6 所示（见文后彩插）。

1.2.2.2　混凝土冻融环境作用与冻融破坏特征

混凝土在饱水状态下因冻融循环产生的破坏作用称为冻融破坏。混凝土的抗冻耐久性能是指饱水混凝土抵抗冻融循环作用的性能。外部环境的破坏可以分为化学破坏和物理破坏两种[31]。化学破坏包括混凝土的碳化、硫酸盐侵蚀和碱骨料反应、海水侵蚀等。物理破坏包括腐蚀和空蚀、冻融循环作用和温度应力等。混凝土发生冻融破坏的必要条件有两点：一是有水渗入使其处于高饱和状态，二是温度正负交替。

混凝土冻融耐久性研究始于 20 世纪 30 年代，各国学者从各方面做了大量的工作，发展了较为完整的基本理论。一般来说，冻融环境条件主要包括冻融介质、冻融温度以及年冻融循环次数。目前，各国混凝土结构耐久性规范或设计指南[32-34]分别规定了本国或本地区的环境等级划分原则。我国水工[35]及港工[36]规范对本行业结构工作环境也进行了分类。2004 年我国正式出台的第一部《混凝土结构耐久性设计及施工指南》[37]中明确划分了各类结构所处环境的作用等级，其中冻融环境主要包括：一般环境（无冻融）、一般冻融环境（无盐类作用）、除冰盐冻融环境，各类环境又根据不同的环境条件进行了细分。

对比国内和国外规范发现，国外对环境作用划分比较简明，主要分为无冻害、有冻害但无盐冻、有冻害且与盐类接触（除冰盐及海水）三大类。但国外对于可能发生冻害的地区，混凝土抗冻性的要求均非常严格。相比之下，我国混凝土抗冻性耐久性研究起步较晚，现行规范的编制参照了国外已有的研究成果，并结合我国地域广阔的具体情况，环境分级相对更加精细，但对于微冻地区和较轻暴露条件下的混凝土结构，抗冻性要求比欧美国家有所放宽[38]。

国外寒冷地区如北欧、北美以及苏联早在 20 世纪 40 年代已经开始关注混凝土工程的冻害现象[39]，我国最近十几年来才开始逐步重视冻融破坏问题。2002 年，混凝土结构耐久性及耐久性设计会议上，黄士元总结提出了冻融破坏的主要特征[40]：即开始出现破坏时，混凝土表面出现粒径 2～3mm 的小片剥落，随着服务年限的增加，剥落量及剥落粒径增大，由几毫米发展至几厘米，剥落由表及里，剥蚀一经开始发展速度迅速增加。但表面剥落层下面的核心混凝土结构保持完好，钻芯取样实测混凝土强度不降低。

随着研究的不断深入，更多先进的技术手段被用于冻害现象的观测和分析，冻融破坏特征的研究已从最初的宏观表象描述发展到如今的微观损伤探测，正是对冻害现象的更深入认识大大推进了冻害机理的研究进程。

1.2.2.3　冻融损伤机理

混凝土冻融耐久性研究的理论基础要追溯到 20 世纪 30 年代，混凝土耐久性研究已成为土木工程学者们重要的研究课题。对混凝土的冻融损伤机理比较公认的是静水压力理论和渗透压力理论[41-43]。

静水压力理论认为，在冰冻过程中，由于混凝土孔隙水凝结使空隙体积平均膨胀 9%左右，迫使未结冰的孔隙水从结冰区向外流动，当所有孔隙水克服黏滞阻力在水泥浆体里来回渗透时，混凝土内部会产生静水压力，使混凝土产生应力破坏。此压力的大小不仅取决于孔隙里的含水量，还取决于孔隙水冻结速率、流程长度以及材料渗透性等。1949 年，Powers[44-45]进一步定量地从理论上确定了此静水压力的大小。但静水压力理论在水泥石孔隙率高、完全饱水时，不能解释一些重要现象，如非引气浆体当温度保持不变时出现的连续膨胀，引气浆体在冻结过程中的收缩等。

渗透压力理论认为[46-47]，水泥石体系由硬化水泥凝胶体和大的缝隙、稍小的毛细孔和更小的凝胶孔组成。由于水泥砂浆中孔隙的低碱度，冰冻过程中增加了这些孔隙中未结冰孔溶液的浓度，这超出其他未冻结孔隙内液体的浓度。在这种浓度差的影响下，低浓度液体孔隙逐渐向高浓度液体的孔隙游走，从而增加了混凝土内部压力。孔隙内部液体的运动提升了带冰晶孔隙中液体的体积，也助长了混凝土内部的渗透压力。渗透压不断作用于水泥浆体，使水泥浆体内部无法承受压力导致出现缝隙。同样的，在混凝土浆体内引入相互独立且封闭的气泡能有效地抑制混凝土内部压力。因此，进入空隙的迁移水和空隙的相互距离是渗透压假说的影响因素。

渗透压假说与静水压假说根本上的差距就是未结冰孔隙液体的移动方向。前者认为孔溶液由小孔向结冰孔隙游动，后者则认为孔溶液由存在冰晶体的大孔向小孔游动。这两种假说成为认可度较高的混凝土冻融损伤机理，也成为众多学者分析冻融作用的基础理论。

混凝土冻融耐久性研究工作主要包括混凝土冻融损伤机理的进一步探讨[48-50]、提高混凝土抗冻性的措施和冻融耐久性劣化预测模型研究等方面。各国学者对于混凝土冻融损伤机理的认识仍不完全一致，在前人研究成果的基础上又提出了一些新理论，如针对高强或高性能混凝土冻融损伤现象提出的温度应力假说[51]，认为在温度变化过程中集料与胶凝材料之间热膨胀系数的较大差距诱发应力疲劳破坏；还有诸如临界饱水度假说[52]、微冰晶抽吸假说[53-54]、液态迁移理论[55-56]、热弹性应力理论[57]、温湿耦合理论[58]、低温腐蚀理论[59]等，每一项新理论的出现都进一步推动了混凝土抗冻耐久性研究的发展。

1.2.2.4　冻融作用对材料的损伤

混凝土的冻融损伤是混凝土耐久性劣化最典型的表观之一。我国西部地区混凝土冻融循环产生的破坏作用主要有冻胀开裂和表面剥蚀两个方面。水在混凝土毛细孔中结冰造成的冻胀开裂使混凝土的弹性模量、抗压强度、抗拉强度等力学性能严重下降，危害结构物的安全。

混凝土抗冻性试验方法和评价指标繁多，如北美执行 ASTMC666-86、ASTMC672-86和 ASTMC671-86，欧洲执行 RILEMTC4-CDC-77，瑞典执行 SS137244，中国现行混凝土抗冻试验标准方法包括 SL 352—2020（水工结构）、JTS 236—2016（港工结构）以及 GB 50080—2016（建筑工程结构）等。冻融试验的循环制度分为快冻和慢冻、水冻水融和气冻水融。混凝土冻融性能的评价指标包括动弹性模量的改变量（DF 值）、抗压强度降低值、重量损失、剥蚀量、体积膨胀值等。

1. 常规抗冻耐久性常规检测方法

各种试验方法中得到认可程度比较高的是 ASTMC666-86-A[60]，它被世界各国广泛采用，北美、日本[61]、我国[62]规范均是以此为基础。该方法为水冻水融条件下的快冻法检测。

（1）相对动弹性模量。当冻融循环作用 300 次或动弹性模量降为 60% 时，认为混凝土是抗冻的或者已破坏。冻融后的相对动弹性模量按下式计算：

$$P_n = F_n^2 / F_0^2 \times 100\%$$

式中　P_n——n 次冻融后的相对动弹性模量，%；

$\quad\quad F_n$——n 次冻融后的横向基频，Hz；

$\quad\quad F_0$——动容前的初始横向基频，Hz。

（2）抗冻性评价指标——混凝土抗冻耐久性系数（DF 值）。按下式计算：

$$DF = P_n n / m$$

式中　DF——冻融前后混凝土相对动弹性模量变化，%；

$\quad\quad n$——P_n 降至 60% 的冻融循环次数；

$\quad\quad m$——最终冻融循环次数，一般取 300 次。

（3）质量损失。当冻融循环作用 300 次或者试件质量损失率达到 5% 时，认为混凝土是抗冻的或者已破坏。冻融循环后质量损失率按下式计算：

$$\Delta w_n = \frac{G_0 - G_n}{G_0} \times 100\%$$

式中　Δw_n——n 次冻融循环后质量损失率，以 3 个试件平均值计算，%；

　　　G_0——冻融前试块重量；

　　　G_n——冻融循环 n 次后试块重量。

（4）强度。以往认为只要满足了抗冻等级混凝土的强度就不会降低很多。如我国《普通混凝土长期性能和耐久性试验方法标准》（GB/T 50082—2009）规定[63]，动弹性模量损失不超过 60%，质量损失不超过 5%，抗压强度损失不超过 25%，就认为满足抗冻等级的要求；而在强度设计中仍用原强度指标，未考虑折减，快速冻融法试验只有前两条规定没有对强度的要求[64]。

然而混凝土在冻融后强度有很大的降低，如中国水利水电科学研究院李金玉的冻融试验表明[48]，抗压强度为 21.9MPa 的加气混凝土经 300 次冻融循环后，相对动弹性模量为 61%，质量损失为 3.07%，而抗压强度仅为原强度的 49.5%。大连理工大学的试验[65] 也证明了这一点：抗压强度为 34.2MPa 的未加气混凝土，经 100 次冻融循环后，相对动弹性模量为 62%，质量损失为 1.2%，而抗压强度仅为原强度的 44%。

（5）寿命预测。1984 年美国 ASTM－C666－84[66] 根据快速冻融试验，得到混凝土在规定冻融损伤水平时所经历的快速冻融循环次数（冻融寿命）。假定处于大气环境中的混凝土结构实际每年所遭受的冻融循环次数是固定的，混凝土结构的寿命为

$$t = K_e N$$

式中　K_e——与环境条件有关的系数；

　　　N——冻融循环次数。

2. 冻融对混凝土力学性能的影响

有研究表明，冻融循环作用对混凝土强度的影响比对相对动弹性模量或质量损失的影响要大[67]，在相对动弹性模量和质量损失满足要求时，混凝土强度不一定满足要求，因此，在混凝土抗冻指标设计时还应参考强度指标。

通过试验研究冻融循环对混凝土力学性能（抗压、抗拉抗剪及弹性模量、泊松系数、剪切模量）的分析[68] 得出：冻融循环次数越多，混凝土抗压、抗拉抗剪及弹性模量、泊松系数、剪切模量等力学性能的损伤也越大；高强混凝土试件经历 90 次冻融循环后，其力学性能均有下降，除剪切模量外，损减都在 10% 以内。

对不同冻融循环次数的普通混凝土试块试验[69-70] 得到：冻融后普通混凝土单轴抗压强度与抗拉强度均大幅下降；仅以相对动弹性模量降低至 60% 和重量损失达到 5% 作为冻融破坏的评价指标对普通混凝土不合适，还应参考强度指标；随冻融循环次数的增加，普通混凝土单轴压缩时峰值应力点对应的应变值明显增加，而单轴拉伸时峰值应力点对应的应变值逐渐减小，同时混凝土应力-应变关系曲线逐渐扁平，峰值点明显下降和右移，表明抗压强度降低，峰值点的应变增加，变形模量明显减小。

对不同冻融循环的普通混凝土试件进行单轴、多轴应力状态下力学性能的研究[65,70-72] 表明：混凝土主压向的应变随冻融次数的增加而明显增加，在应力比为 0.25 时，提高值最大；在实际工程中，处于双轴压应力状态的混凝土结构比处于单轴应力状态下的混凝土

结构具有更高的抗冻性。也有研究构建引气混凝土多轴的等效单轴应变非线性弹性本构模型[73]、棱柱体冻融环境混凝土应力-应变全曲线方程[74] 等。

对具有不同耐久性等级混凝土的各项宏观性能随冻融作用劣化的敏感程度分析[75]表明，抗压强度损失率、抗折强度损失率和动弹性模量损失率都可以反映混凝土内部结构的劣化，但对于开口或连通的裂缝发展，抗折强度损失率则比抗压强度损失率更为敏感；而混凝土受弯时其试件受拉区的裂缝将加速扩展，抗折强度损失率对混凝土试件表层的贯通裂缝尤为敏感。

1.2.2.5　冻融性能研究的技术手段

在传统的冻融耐久性测试技术中，抗压强度损失率测试因为需要取芯，会导致结构的破坏，故属于破损性试验，费时费力，不适用于实际工程的混凝土冻融耐久性测试。尽管动弹性模量测试属于无损检测方法，而且对混凝土破坏的敏感性较高，但是动弹性模量测试方法对于试件尺寸的要求过于严格，测试时必须使试件置于软泡沫垫上，故仅适用于实验室中的试件测试，无法对实际工程中的混凝土进行无损检测。

随着技术的进步，研究的技术手段越来越先进，从早期的显微镜观测混凝土内部孔结构，发展到电子显微镜扫描照片来观测混凝土冻融破坏后的微结构[65]、采用超声波测试探查混凝土内部缺陷（采用超声波共振等测量动弹模量）[76]、采用红外热像技术确定混凝土不同损伤程度的区域数量[77]、采用磁共振成像观测冻融循环过程中冰晶体变化过程[78]、采用中子衍射扫描量测精确观测内部冰晶变化及孔结构微小发展[79-80]、采用声发射技术定位混凝土结构冻融损伤检测[81]、采用断面 X 射线照面技术对三维结构模型进行损伤定位[82] 等，有效支撑了冻融技术的发展与实际应用。

1.2.3　混凝土坝体结构抗震研究

随着秘鲁的 8.0 级大地震（2007 年）、中国的 8.0 级汶川大地震（2008 年）、智利的 8.8 级大地震（2010 年）、日本的 9.0 级福岛大地震（2011 年）、印尼的 8.5 级大地震（2012 年）等的相继发生，地球逐渐进入了地震活跃期。

我国处于环太平洋地震带和欧亚地震带两个活跃地震带的交汇部位，西部冻土严寒地区则位于欧亚地震带，地质条件复杂且地震烈度较高，地震活动相对频繁。根据中国地震局统计，近代有 80% 以上的强震均发生在我国西部地区。自 20 世纪以来，就发生过近 70 次 7 级以上的大地震[83]，我国地震活动性和地震大趋势预测研究结果表明，未来百年内我国大陆地区可能发生 7 级及以上大地震约 40 次，8 级以上特大地震 3～4 次[84]。地震作为一种破坏性极强的自然灾害，具有无明显预兆、突发性强等特点。我国西部大部分地区都处于强烈的地震活动区，一批世界级的水利工程正在或即将在该区域建设。

1.2.3.1　地震作用对混凝土坝体的威胁与破坏

目前在各国的现行抗震规范中，普遍的设防水准为"小震不坏、中震可修、大震不倒"，然而地震有很强的不确定性，大坝实际承受的地震峰值加速度有可能远远超过设计地震峰值加速度的水平，如印度的柯依那大坝[85]坝高 103m，考虑地震作用，设计荷载为 0.05g，但 1967 年发生 6.5 级强震，出现 0.49g 横河向和 0.34g 竖向峰值加速度，导致多个非溢流坝段上、下游表面产生裂缝并造成渗流量增大；新丰江大坝[86]坝高 105m，1962 年坝址东北 1.1km 处发生 6.1 级地震，造成 13～17 号坝段在 108m 高程处产生长达

82m 的贯穿性裂缝，导致坝体渗漏；伊朗西菲罗大头坝[87]坝高 106m，采用峰值地面加速度为 0.25g 的拟静力法计入地震作用进行设计，1990 年距坝趾 32km 处发生 7.3～7.7 级强震，在河床中部坝段的折坡突变处及主要沿 258.25～262.25m 高程间的施工缝出现贯穿上下游面的裂缝，缝宽约 10mm，向下游错动约 2cm；2008 年汶川 8.0 级强震，造成震中附近约 2380 多座水库出现险情，其中紫坪铺面板堆石坝（坝高 156m）发生较大的永久变形，二期与三期混凝土面板施工缝交接处发生错台，最大距离 17cm，右岸不同高程处发生不同程度面板脱空[88-89]，造成白水江碧口心墙土石组合坝坝顶最大震陷约 24.2cm，向上游水平位移 15.7cm[90-91]。

我国水工抗震规范采用"最大设计地震"作为一级设防水准，但随着高坝建设的发展，有些大坝的设计地震峰值加速度较高，如大岗山拱坝为 0.5575g（极端荷载）、龙盘拱坝为 0.408g、金安桥重力坝为 0.399g、龙开口重力坝为 0.394g、阿海重力坝为 0.344g、白鹤滩拱坝为 0.325g 等，都远远超过了现存混凝土坝的设计地震峰值加速度[92]，抗震安全问题十分突出，成为工程设计中的关键技术问题，且尚无可借鉴的经验。

另一方面，现有的抗震设计规范一般采用单个地震进行结构的地震反应分析和抗震设计，并未考虑强余震作用下的大坝累积破坏效应。然而在真实的地震事件中，大的主震往往会在短期或数年内甚至更长时间内引发大量的余震序列。在主地震序列作用的基础上，余震作用将使结构偏于不安全。如 2008 年汶川地震从 5 月 12 日至 5 月 29 日，共发生了 9130 次余震，其中 4.0～4.9 级 157 次，5.0～5.9 级 25 次，6.8～6.9 级 5 次，最大震级为 6.4 级。主震和后续余震之间的间隔时间较短，在较强的主震作用后，结构进入非线性，产生塑性变形及刚度退化，强度下降，在强余震或多次地震作用下结构将发生更严重的损伤累积破坏效应[93]，然而对主震与强余震之间的相关地震特性（幅值、持时、频谱特性）并未达成一致[94-95]，且现有的研究集中在房屋建筑结构和桥梁结构，有关主余震地震序列下的大坝动态响应及损伤破坏机理方面的研究成果较少[96-98]。

1.2.3.2　结构抗震设计理论发展

随着科学技术的发展以及地震灾害相关资料的积累，现代化抗震设计理论渐有雏形，大体上可以划分为静力理论阶段、反应谱理论阶段、动力理论阶段和基于性能的抗震设计四个时段进程[99-100]。

20 世纪 90 年代，提出了基于性能的结构抗震设计理论，引起了工程抗震界广泛关注，并逐渐成为主流[101-102]。其核心思想是设计的结构能够保持不同强度地震作用下发生的不同程度损伤破坏水平处于特定的范围内。该理论对地震设防水准、结构性能水准、结构性能目标等进行细化，形成基于性能的抗震设计系统方法[103]：

（1）地震设防水准，不仅考虑地震作用，如发生时间、作用时间及峰值强度等因素的不确定性，且采用与传统单一地震设防不同的多级水准设防。

（2）结构性能水准，按照所需性能目标对设计方案及结构措施等进行选择，而非规范的硬性规定；此外，从设计思路上来看，其打破了以力和强度为主的传统方式，转向以考虑变形和性能为主。

（3）结构性能目标，打破只考虑生命安全的单一设防要求，建立生命安全与财产损失相结合的详尽设防需求，同时按照现实所需、业主的具体要求和投资能力等诸多因素，对结构的性能目标进行更科学的选择。

在阪神大地震后，日本开展了"基于性能的建筑结构设计新框架"项目[104]，并于1998 年修订完成《日本建筑法规》，于 2000 年实施。除此之外，欧洲各国、加拿大、新西兰和澳大利亚等国家和地区也对这种抗震设计进行了大量研究，并将其应用到各种结构和各个领域[105-108]。我国深受地震灾害影响，研究发展了"基于位移的设计""基于可靠度的设计""能力谱设计方法"和"静力弹塑性 Push - over 分析"等系统的工作[109-113]，并在建筑、桥梁等领域进行大量运用[114-115]。随后，综合合国内外设计规范、标准研发出基于位移的设计规范，发展基于全概率分析结构优化设计、可靠度与性能相关设计、利用经济最优强度以及社会可接受死亡率决策最优设防标准等研究[116-120]。

1.2.3.3　混凝土坝体结构地震动力特性及破坏研究

大坝在不同强度等级地震荷载作用下，达到或超过某种极限状态的概率[121]，是大坝地震安全分析的重要内容。抗震分析通常采用原型观测、模型试验、数值模拟手段。其中原型观测是认识结构的动力性能最直接、最可靠的方法，但由于地震振动的随机性以及观测点的广泛性，实现比较困难，如新丰江大头坝、印度柯依那重力坝和美国加州的帕柯依马拱坝等，虽然受地震破坏，但发生溃坝的实例目前还没有。数值计算方法随着计算技术的发展与有限元理论的出现得到了快速发展，随着垫座、周边缝等坝体的出现，在复杂地形、地质条件下的应力等参数难以用数值计算，模型试验也得到发展，但模型试验整体成本高、周期长、优化设计困难，当前坝体抗震性能研究仍以数值分析为主[122]。

坝体抗震数值计算大体分为静力法、拟静力法、动力法三大阶段[123]，其中静力法将坝体假定为刚体，拟静力法是将地震以静力形式加载计算，现行阶段大多使用动力法进行计算。当前采用动力分析的主要方法包括有限元、有限差分、边界单元等。近年来非线性有限元也逐步发展起来，如混凝土的徐变理论、弹塑性理论、断裂理论、黏弹塑性理论[124]和介质的损伤理论[125]等。在分析中，材料的本构模型和破坏模型对于大坝的非线性有限元分析成果的影响有着深远的意义[126]，不少学者针对材料的本构关系对抗震性能的影响进行分析，取得了有益结论[127-128]。

1. 地震波模拟研究

结构的抗震分析首先面临的问题是采用何种地震波。实际地震波涉及地震勘探领域，主要包括地震资料采集、数据处理以及地震资料分析与解释三个主要步骤[129-130]。随着不同的国家和地区在地震活动频发的场地上建立起用于地震记录的密集台站，如 EI Centro 差动台阵是最早被建立起的台阵之一，SMART - 1 台阵是位于我国台湾地区的一组强震观测台站网，UPSAR 台阵位于美国圣安德烈亚斯断层，地震空间变化研究也进入了一个新的阶段。工程地震模拟处理大致经历了三个主要阶段：平稳模型阶段、强度非平稳模型阶段和频率非平稳模型阶段[131]。国内在工程地震动模拟方面的研究主要集中在 Kanai 随机模型（金井清模型）和相位差谱方法上[132]。台阵的建立和地震处理等技术的飞速发展，对认识结构破坏方式以及应对地震灾害、提高防灾减灾能力具有非常重要的意义[131]。

水利工程抗震研究中，工程所在地及周边如历史上发生过地震且有高质量记录，则在分析中可用实际地震波。然而，各工程抗震设计时往往周边区域无地震数据，则需要进行人工合成或拟合。自 20 世纪 70 年代以来，人造地震波的理论和技术得到了快速发展，国内外不少学者通过对已有地震记录的研究，提出了各种随机模型，并在此基础上归纳分析出了一些具有代表性的参数[133]；根据抗震设计的实际需要，发展了以反应谱为目标谱的模拟方法[134]。鉴于《水工建筑物抗震设计标准》（GB 51247—2018）中采用反应谱作为抗震设计的依据，故拟合出与之相对应的人工地震波就显得特别有意义，也特别适用于抗震设计工作。

经过国内外专家学者多年的努力，一些学者根据随机振动理论，建立了多种功率谱的模型：如假设基岩的地震符合白噪声，考虑基岩覆盖层的滤波特性，建立有明显物理意义的地震动功率谱表达式[135]；按特定地区的地面加速度反应谱曲线来构造功率谱曲线[136]。目前较多的人工波模拟是根据程序中输入的谱数据，通过迭代法求解功率谱密度函数，经傅立叶变换后得到平稳地震加速度时程曲线。

2. 坝体结构地震动力响应分析研究

当前，时程分析法是大坝地震动力响应分析的主要方法[137-138]，并得到了广泛应用。传统地震动力分析假定地震距离坝址较远，地震波垂直作用于大坝结构，其研究成果逐渐增多，如构建随机地震波输入实用模型[139]等。但随着研究的深入，对震源距离坝址较近，地震波并不是垂直水平面向上入射，而是以一定角度入射，原有成果不再适用，为此从二维模型初步分析认为斜入射条件下的地震结构反应大于垂直入射[140]，进而开展了斜入射平面波引起局部场地效应[141]、地下管线在斜入射的动力响应[142]、P 波斜入射对小湾拱坝影响[143]、SV 波和 P 波的叠加作用[144] 等方面的研究，并将斜入射成果应用在岩石与水电站地下厂房[145]、莫罗点大坝[146] 的动力响应分析等方面。

在研究方法上，发展了自振特性分析[147]、反应谱法[148]、振型分解反应谱[149]等；从结构响应方法上，发展了重力坝深层抗滑稳定[150]、地基抗滑稳定[151]、重力坝抗滑稳定静力可靠度计算公式[152]、重力坝抗滑的可靠安全度[153]、双重随机性的动力可靠度分析[154]等；还有人从数值模拟分析与试验模型[155]、传统方法[156] 的一致性方面开展研究。林皋、钟红[157-159]等构建了坝体-地基-水库统一模型，分析结构相互作用对大坝地震动力响应的影响。

3. 坝体结构与地震作用加载研究

结构的地震响应会随着地震波动能量向无限远域地基逸散而逐渐降低，起到一种类似阻尼的作用，因此习惯上称之为无限地基辐射阻尼作用。从理论上，要模拟无限地基，最直接的方法是远置边界，但是这种方法在实际工程中要取数万米的地基范围，会导致计算规模很大，浪费计算时间。为模拟无限地基辐射阻尼效应的影响，国内外很多专家学者通过分析研究建立了不同类型的人工边界条件，即无反射边界条件、透射边界条件或吸收边界条件，其对无限域模拟的准确与否将直接影响近场波动数值模拟的精度。人工边界目前主要可以分为全局人工边界和局部人工边界两大类[160]。

（1）全局人工边界，是使外行波满足无限域内所有场方程和物理边界条件，包括无穷远辐射条件，是对无限域的精确模拟。全局人工边界大多在频域建立，空间域耦合，其耦联性及时频转换将带来巨大的计算量，在广义结构非线性计算时，难以胜任[161]。全局人工边界中较为典型的有无穷边界元法[162]、边界元法[163]和比例边界有限元法[164]。无穷边界元是一种较为粗糙的半解析半数值的求解方法；边界元把所研究问题的微分方程变成边界积分方程，一般要求求解域的介质均匀，难以求解非线性和含有非均匀介质的问题；比例边界元是一种基于有限元且同时具有有限元法和边界元法优点的半解析、半离散的计算方法。

（2）局部人工边界使射向人工边界任一点的外行波从该点穿出边界，是对无限域的近似模拟，是时空解耦、时域离散形式的边界条件，由单侧波动的理论基础上延伸而来[165]，即某一边界结点在某一时刻的运动仅与其临近结点在临近时刻的运动有关。该类方法与内部区域的显式有限元法相结合构成了可方便求解大自由度、介质呈非线性的复杂波动问题的时空解耦的显式波动分析方法，因而广受研究者重视。其中较为典型的有Sommerfeld边界[166]、黏性边界[167]、叠加边界[168]、Clayton – Engquist边界[169-170]、Higdon边界[171-172]、黏弹性边界[173-174]、透射人工边界[175-176]等。其中Sommerfeld边界、Clayton – Engquist边界、Higdon边界均是对波动方程作近似处理得到，以边界微分方程形式给出，非离散形式，与有限元结合不便；黏性边界、黏弹性边界、透射人工边界是利用单侧波动方程近似解建立的离散形式人工边界条件，易于与有限元法结合。

1.2.4　混凝土坝体结构损伤机理研究

1. 混凝土损伤的理论体系研究

损伤力学主要是研究材料在各种载荷作用下，因为损伤变形而发展和演化，最终导致材料破坏的过程的力学规律[177]。在材料微观结构上的不可逆衰坏过程引起的材料性能改变称为损伤。混凝土损伤的研究从断裂力学的引入[178]，到联系性因子、有效应力、损伤因子概念的提出[179]，逐渐形成较完整的理论体系，然而大体积混凝土在浇筑过程和运行初期，内部就存在大量裂纹和微缺陷（孔隙），不能以主裂纹代表其分布，断裂力学存在一定弊端[180]；进一步根据连续介质力学的原理，将损伤因子看成是一种场变量[181-182]，逐渐形成了连续损伤力学的基础和框架，并进一步形成几何损伤理论和能量损伤理论[183-184]。

混凝土由于其抗压强度高、耐久性好，便于与钢筋组合使用而得到广泛应用。但混凝土材料是一类特殊的多孔基的复合材料，由水泥和粗细骨料等构成的多相复合材料，混凝土组成材料的弹性模量相差较大，表现出一定的各向异性[185]。本质上混凝土损伤有以下几个特性[186]：①单向效应；②各向异性；③损伤不可恢复性；④损伤会改变其固有频率；⑤有脆性损伤和韧性损伤。损伤往往是与材料的变形相关的，按照材料变形的状况和性质，损伤可以分为以下几类[187]：弹性损伤、弹塑性损伤、蠕变损伤、疲劳损伤和剥落损伤。

相对于静力损伤，动态损伤对混凝土结构的影响更加突出。混凝土的动态损伤有以下两种：第一种是结构的疲劳损伤，主要是荷载重复作用的累积损伤；第二种是结构在承受加载速率较大的荷载（如冲击荷载的作用等）时的动力损伤，是在一次加载下材料的损伤演化[186]。常见的几种混凝土疲劳损伤有[188]：Palmgren – Miner线性累积损伤[189-190]、非线性疲劳累积损伤[191]等。在进一步的研究中，发展了引入线性徐变理论计算温度徐变应力[192]；推进有限元分析和响应面法结合，建立适用于复杂混凝土结构的可靠度分析的有效模式[193]等。

2. 混凝土本构模型的研究

在混凝土本构模型研究方面，现有的本构关系[194-195]主要有：线弹性模型、非线性弹性模型、弹塑性理论模型、流变学理论模型、断裂力学理论模型、损伤力学理论模型[196-197]及内时理论模型[198-199]等。

近年来对混凝土非均质的多向复杂体系研究中，发展了不可逆材料塑性应力的本构关系及各向异性损伤模型[185,200]；考虑循环加载的塑性损伤本构模型[201]；考虑应变软化行为的连续损伤模型[202]；建立了与应变率相关的黏塑性损伤本构关系，并发展了脆性材料损伤应变率效益及本构模型[203]；引入孔隙率演化、渗流和损伤耦合，构建脆性材料动力损伤破坏模型[204]、基于损伤能释放率的混凝土弹塑性损伤本构模型[205]、考虑混凝土材料分形效应的弹塑性损伤本构模型[206]等。

3. 损伤的数值模拟的研究

目前常用的商业有限元分析软件 ADINA、ANSYS、MSC. MARC、ABAQUS 等均已将混凝土本构模型嵌入其中，对混凝土这类准脆性材料的裂缝损伤发展的计算模型和数值计算方法还处在发展阶段[122]。裂缝扩展的传统有限元数值模拟主要有分离裂缝模型[207-208]和弥散裂缝模型[209-211]。分离裂缝模型虽可显式地描述混凝土大坝裂纹的扩展[212]，但计算过程需预设裂纹的发展路径，有限元网格需要不断地调整和重新剖分[213]。弥散裂缝模型通过调整材料应力-应变本构关系来反映开裂后的材料力学性能退化，避免了网格重新剖分的工作，但在弥散裂缝模型中裂纹的扩展形态与网格剖分相关，要求裂缝与单元边界一致，才能得到较准确的结果[214-215]。

在数值模拟中，研究者构建了混凝土各向同性损伤模型，分析了重力坝地震作用的损伤发展入手[216]；保持断裂能损耗不变，引入网格相关硬化模量进行网格划分[217]；构建了弹性损伤模型，计算刚性地基拱坝地震损伤范围[218]；建立了纯量塑性损伤模型模拟损伤造成的刚度退化；利用流形元法和子域奇异边界元法相结合方法模拟了大坝地震破坏过程[219]；以比例边界元计算重力坝-地基-库水系统的动态断裂[220]等。

近年来，很多学者用各种损伤模型和本构模型描述混凝土坝的损伤过程，但是由于混凝土是准脆性材料，抗压不抗拉，所以到目前为止，大多数的研究中只考虑了坝体混凝土的受拉损伤，而未考虑其受压损伤。随着越来越多 200m 级以上混凝土高坝的出现，尤其是在强震区坝址地震峰值加速度水平也越来越高的情况下，坝趾部位的静动综合压应力数值往往超出混凝土的抗压强度，这时受压损伤的出现是可能的，因此有必要建立更为合理、真实的坝体混凝土及地基动力损伤本构模型，反映地震过程中材料拉压损伤、拉压转化的全过程，才能在数值模拟中更加接近大坝-地基系统的真实工作性态[180]。

1.2.5 冻土严寒地区坝体振动与损伤研究

传统混凝土损伤研究，重点是研究机械荷载引起的损伤问题，但对于混凝土重力坝等大体积混凝土结构，施工中的水化热作用、运行的冻融循环破坏等温度荷载导致的损伤问题都是不可忽视的[221]。

干缩应力、温度应力和渗流产生的孔隙压力作用是导致凝土重力坝产生裂缝的主要原因。而裂缝会改变混凝土结构内部的温度场分布，影响温度传导、应力分布和裂纹扩展路径等。与其他荷载引起的混凝土裂缝相比，温度裂缝有以下几个特点[222-223]：①按照裂缝的深浅可以分为浅层裂缝、深层裂缝和贯穿裂缝；②混凝土的材料性能对温度裂缝的影响很大；③混凝土的温度裂缝与时间有关；④混凝土的温度裂缝在长度上是发展的，数量上是不断增加的，而在宽度上是扩展与闭合的；⑤温度作用下它的本构关系是非线性的。大量的工程经验表明，混凝土温度裂缝的产生既有混凝土内外部温差产生的应变，也有混凝土结构外部约束和内部不同位置的自约束等作用。

温度和应力相互影响、相互作用，形成了混凝土温度和应力的耦合系统。1968 年威尔森开发 DOT - DICEDE 有限元程序，用来模拟分期施工时混凝土结构的二维温度场[224]；苏联采用"托克托古尔法"建造了托克托古尔重力坝，该方法在温度控制和防止开裂方面取得了较好的成果[225]等。但研究往往基于宏观，探讨混凝土构件的平均性能。工程中所用材料都是非均匀的，绝对的连续材料只存在于宏观尺度范围内假定的理想模型。而细观尺度研究表明，所有材料都表现出一定的非均匀性[226]，这将会导致力学和热学性能的不均匀，从而严重影响材料的宏观性能。

非均匀结构的研究多是将材料看作多相复合体，根据组成材料的空间形状和排列规律，计算得到近似的宏观平均性能，而混凝土非均匀性的表征方法还较少见，多应用统计理论表述材料的空间分布，如试验结果采用 Weibull 分布分析时，温度、尺寸等结果较为合理[227]，因此将其引入混凝土耐久性研究[228]。

寒区和高寒区气温较低，混凝土结构受冻融循环影响较严重。虽然该地区的高坝受冻融作用较普遍，但冻融作用对大坝结构的影响深度并没有准确的衡量标准[229]，对于试块怎样有效地模拟大坝结构的损伤过程以及损伤规律的研究还较少，是否存在超冻融设计作用的隐患，这些都需要继续深入探讨和开展试验研究[230]。

在实际工程应用中，各种混凝土结构受环境因素影响各不相同，有少量学者对碳化、紫外线、侵蚀、动态加载等[231-232]因素与冻融作用相结合做了简要研究，但混凝土结构环境复杂多样，往往是多种因素共同作用导致的损伤破坏，甚至多因素叠加作用的损伤改变了原有结构损伤的规律性。现阶段对混凝土受多种因素组合作用下损伤规律的研究还不够完善和深入，还要更准确地描述多种因素组合作用下混凝土的破坏规律，深入探寻混凝土结构在多种因素共同作用下的损伤机理。

本 章 参 考 文 献

［1］ 国家能源局. 1—5 月份全国电力工业统计数据 ［R］. (2022 - 06 - 16).

［2］ 国家能源局. 2021 年全国电力工业统计数据 ［R］. (2022 - 01 - 26).

［3］ 国家能源局. "十四五"现代能源体系规划 ［R］. (2022 - 01 - 29).

［4］ LACHENBRUCH A H. Permafrost, the active layer, and changing climate. US Geological Survey Menlo Park, Calif. 1994.

［5］ 金会军，赵林，王绍令，等，青藏公路沿线冻土的地温特征及退化方式 ［J］. 中国科学（地球科学），2006，36（11）：1009 - 1019.

［6］ 冯松，汤懋苍. 青藏高原是我国气候变化启动区的新证据 ［J］. 科学通报，1998，43（6）：633 - 636.

［7］ 叶笃正，高由禧. 青藏高原气象学 ［M］. 北京：科学出版社，1979.

［8］ 姚永慧，张百平. 青藏高原气温空间分布规律及其生态意义 ［J］. 地理研究，2015，34（11）：

2084 – 2094.

[9]　LIN Z Y，ZHAO X Y. Spatial characteristics of changes in temperature and precipitation of the Qinghai – Xizang (Tibet) plateau [J]. Science China – earth Sciences，1996，39 (4)：442 – 448.

[10]　WANG S，NIU F，ZHAO L，et al. The thermal stability of roadbed in permafrost regions along Qinghai – Tibet Highway [J]，Clod Regions Science and Technology，2003，37 (1)：25 – 34.

[11]　刘庆龙，康世昌，李潮流，等. 三江源地区 1961—2005 年气温极端事件变化 [J]. 长江流域资源与环境，2008，17 (2)：232.

[12]　周幼吾. 中国冻土 [M]. 北京：科学出版社，2000.

[13]　王炳忠，张富国，李立贤. 我国的太阳能资源及其计算 [J]. 太阳能学报，1980，(1)：5 – 13.

[14]　李韧，赵林，丁永建，等. 青藏高原北部不同下垫面土壤热力特性研究 [J]. 太阳能学报，2013，34 (6)：9.

[15]　SMITH M W，RISBOROUGH D W. Permafrost monitoring and detection of climate change [J]. Permafrost and Periglacial Processes，1996，7 (4)：301 – 309.

[16]　赵林. 青藏高原多年冻土层中地下冰储量估算及评价 [J]. 冰川冻土，32 (1)：1 – 9.

[17]　李述训，南卓铜，赵林. 冻融作用对系统与环境间能量交换的影响 [J]. 冰川冻土，2002，24 (2)：109 – 115.

[18]　赵新民，李述训，程国栋，等. 青藏高原五道梁附近多年冻土活动层冻结和融化过程 [J]. Chinese Journal，2000，45 (11)：1205 – 1211.

[19]　赵林，盛煜. 青藏高原多年冻土及研究 [M]. 北京：科学出版社，2019.

[20]　孙铭. 基于损伤理论混凝土材料在冻融作用下的本构模型研 [D]. 黑龙江：哈尔滨工业大学，2018.

[21]　British Transportation Ministry. Repair and maintenance of midlands link express：Working Group 1988 Report. Concrete Journal，1990：23 – 27.

[22]　牛荻涛. 混凝土结构耐久性与寿命预测 [M]. 北京：科学出版社，2003.

[23]　ADAM N. Consideration of durability of concrete structures：Past，present，and future [J]. Materials and structure，2001，(10)：114 – 118.

[24]　郑山锁，汪锋，付晓亮，等. 基于材性的混凝土结构及构件冻融损伤模型试验研究 [J]. 振动与冲击，2016，35 (3)：176 – 183.

[25]　秦晓川. 预应力混凝土梁在冻融循环后预应力损失及受力性能的试验研究 [D]. 扬州：扬州大学，2011.

[26]　亢景富，冯乃谦. 水工混凝土耐久性问题与水工高性能混凝土 [J]. 混凝土与水泥制品，1997 (4)：4 – 10.

[27]　刘崇熙，汪在芹. 坝工混凝土耐久寿命的现状和问题 [J]. 长江科学院院报，2000，(1)：17 – 20.

[28]　苏晓宁，王瑄. 混凝土抗冻性试验 [J]. 沈阳农业大学学报，2005，(1)：122 – 124.

[29]　邢林生. 混凝土坝坝体渗漏危害性分析及其处理 [J]. 水力发电学报，2001，(3)：108 – 116.

[30]　葛勇. 严寒地区热电厂冷却塔混凝土破坏状况调查与原因分析 [C]//沿海地区混凝土结构耐久性及其设计方法科技论坛与全国第六届混凝土耐久性学术交流会论文集. 2004.

[31]　过镇海，时旭东. 钢筋混凝土原理和分析 [M]. 北京：清华大学出版社，2003.

[32]　American Concrete Institute. ACI 201. 2R – 08 Guide to Durable Concrete [S]. 2008.

[33]　Comite Euro – International Du Beton. Ceb – Fip Model Code 1990 Design Guide to Durable Concrete Structures [S]. 1990.

[34]　British Standards Institution. BS 8110 – 1985 [S]. British：Giorgio Cavalieri，1985.

［35］ 中华人民共和国水利部. 水工混凝土结构设计规范：SL 191—2008 ［S］. 北京：中国水利水电出版社，2008.

［36］ 中华人民共和国交通部. 港口工程混凝土结构设计规范：JTJ 267—98 ［S］. 北京：人民交通出版社，1998.

［37］ 中国工程院土木水利与建筑学部工程结构安全性与耐久性研究咨询项目组. 混凝土结构耐久性设计及施工指南 ［M］. 北京：中国建筑工业出版社，2004.

［38］ 宁作君. 冻融作用下混凝土的损伤与断裂研究 ［D］. 哈尔滨：哈尔滨工业大学，2009.

［39］ SETZER M J，AUBERG R. Frost Resistance of Concrete ［C］. Proceeding of the International RILEM Workshop on Resistance of Concrete to Freezing and Thawing with or without CECCCCCC De‐Icing Chemicals. New York：1997.

［40］ 黄士元. 混凝土结构抗冻融（包括盐冻）侵蚀耐久性设计的建议 ［C］//混凝土结构耐久性及耐久性设计会议. 北京：2002.

［41］ POWERS T C. A working hypothesis for further studies of frost resistance of concrete ［J］. Journal of the American Concrete Institute，1945，16（4）：245－272.

［42］ POWERS T C. Freezing Effects in Concrete ［J］. Durability of Concrete，1975，1（2）：332－338.

［43］ NEVILLE A M. Properties of concrete ［M］. London：Longman，1995.

［44］ POWERS T C. The air requirement of frost‐resistance concrete ［J］. Proceedings of Highway Research Board，1949，29：184－202.

［45］ WILLIS T F. Proceedings of Highway Research Board. 1949，29：203－211.

［46］ POWERS T C. Void spacing as a basis for producing air‐entrained concrete ［J］. Journal of the American Concrete Institute，1954，50（9）：741－760.

［47］ POWERS T C. Freezing effects in concrete ［A］//Scholer C F. Durability of Concrete ［C］. Detroit：American Concrete Institute，1975：1－11.

［48］ 李金玉，曹建国，徐文雨. 混凝土冻融破坏机理的研究 ［J］. 水利学报，1999，5（1）：41－49.

［49］ GÖRAN F. Mechanical Damage and Fatigue Effects Associated with Freeze‐Thaw of Materials ［C］//Proceedings of the International RELEM Workshop. Essen：The Publishing Company of RELEM，2002：117－132.

［50］ JOSEF K P. Experimental Identification of Ice Formation in Small Concrete Pores ［J］. Cement and Concrete Research，2004，34：1421－1427.

［51］ MIHTA P K，SCHIESSL P，RAUPACH M. Performance and Durability of Concrete systems ［C］//Proceedings of 9th International Congress on the Chemistry of Cement，1992，1（2）：571－659.

［52］ FAGERLUND G. The international cooperative test of the critical degree of saturation method of assessing the freeze/thaw resistance of concrete ［J］. Materials and Structures，1977，10：231－253.

［53］ MAX J S. Mechanical Stability Criterion，Triple‐Phase Condition，and Pressure Differences of Matter Condensed in a Porous Matrix ［J］. Journal of Colloid and Interface Science，2001，（235）：170－182.

［54］ MAX J S. Mechanisms of Frost Action ［J］. Proceedings of an International Workshop on Durability of Reinforced Concrete under Combined Mechanical and Climatic Loads，2005：263－274.

［55］ JACOBSEN S. Calculating Liquid Transport into High‐Performance Concrete during Wet Freeze‐Thaw ［J］. Cement and Concrete Research，2005（35）：213－219.

［56］ BAGER D，JACOBSEN S. A Model for the Destructive Mechanism in Concrete Caused by Freeze‐

Thaw ［C］// Proceedings of the International RELEM Workshop （PRO25）. Cachan，France，2002：17－40.

［57］李守巨，刘迎曦，陈昌林. 混凝土大坝冻融破坏问题的数值计算分析 ［J］. 岩土力学，2004，25（2）：189－190.

［58］KASPAREK S，SETZER M J. Analysis of Heat Flux and Moisture Transport in Concrete during Freezing and Thawing ［C］// Proceedings of the International RELEM Workshop. Essen：The Publishing Company of RELEM，2002：187－196.

［59］BEDDOE R E. Low－Temperature Phase Transitions of Pore Water in Hardened Cement Paste ［C］// Proceedings of the International RELEM Workshop. Essen：The Publishing Company of RELEM，2002：161－168.

［60］美国材料与试验协会. 混凝土快速冻融试验方法：ASTM－C666.1986.

［61］日本工业标准. 混凝土冻融试验方法：JIS－85.1985.

［62］普通混凝土长期性能和耐久性试验方法：GB J82—1985.1985.

［63］中华人民共和国住房和城乡建设部. 普通混凝土长期性能和耐久性试验方法标准：GB/T 50082—2009 ［S］. 北京：中国建筑工业出版社，2009.

［64］北京水利科学研究院，中国水利水电科学研究院. 水工混凝土试验规程：DL/T 5150—2001 ［S］. 北京：中国电力出版社，2002.

［65］覃丽坤. 高温及冻融循环后混凝土多轴强度和变形试验研究 ［D］. 大连：大连理工大学，2004.

［66］ASTM－C666－84，Standard Test Method for Resistance of Concrete to Rapid Freezing and Thawing，1984.

［67］程红强，张雷顺，李平先. 冻融对混凝土强度的影响 ［J］. 河南科学，2003，21（2）：215－216.

［68］施士升. 冻融循环对混凝土力学性能的影响 ［J］. 土木工程学报，1997，30（4）：35－42.

［69］商怀帅，尹全贤，宋玉普，等. 冻融循环后普通混凝土变形特性的试验研究 ［J］. 人民长江，2006，37（4）：58－61.

［70］商怀帅. 引气混凝土冻融循环后多轴强度的试验研究 ［D］. 大连：大连理工大学，2006.

［71］覃丽坤，宋玉普，等. 冻融循环对混凝土力学性能的影响 ［J］. 岩石力学与工程学报，2005，24（8）：5048－5053.

［72］覃丽坤，宋玉普，等. 冻融循环后混凝土双轴压的试验研究 ［J］. 水利学报，2004（1）：95－99.

［73］张众. 冻融及高温后混凝土多轴力学特性试验研究 ［D］. 大连：大连理工大学，2006.

［74］段安. 受冻融混凝土本构关系研究和冻融过程数值模拟 ［D］. 北京：清华大学，2009.

［75］赵霄龙，卫军，黄玉盈. 混凝土冻融耐久性劣化的评价指标对比 ［J］. 华中科技大学学报，2003，31（2）：103－105.

［76］AKHRAS N M. Detecting freezing and thawing damage in concrete using signal energy ［J］. Cement & Concrete Research，1998，28（9）：1275－1280.

［77］韩继红，张雄. 冻融破坏混凝土红外热象特征及损伤程度评定 ［J］. 无损检测，1998，20（12）：346－347.

［78］PRADO P J，BALCOM B J，BEYEA S D，et al. Concrete Freeze/Thaw as Studied by Magnetic Resonance Imaging ［J］. Cement and Concrete Research，1998，28（2）：261－270.

［79］BERLINER R，POPOVICI M，HERWIG K，et al. Neutron scattering studies of hydrating cement pastes ［J］. Physica B Condensed Matter，1997，s 241－243（none）：1237－1239.

［80］ERLAND M，SCHULSON，et al. Hexagonal ice in hardened cement ［J］. Cement and concrete research，2000，30（2）：191－196.

［81］ TETSUYA S, MASAYASU O. Quantitative Damage Evaluation of Structural Concrete by a Compression Test Based on AE Rate Process Analysis ［J］. Construction and Building Materials, 2004, 18: 197 - 202.

［82］ WANG L B, FROST J D, VOYIADJIS G Z. Quantification of Damage Parameters Using X - ray Tomography Images ［J］. Mechanics and Materials, 2003, 35: 777 - 790.

［83］ 孔宪京, 邹德高. 高土石坝地震灾变模拟与工程应用 ［M］. 北京: 科学出版社, 2016.

［84］ 王丛. 地震区划中的地震活动趋势预测一例 ［D］. 哈尔滨: 哈尔滨工业大学, 2017.

［85］ CHOPRA A K, CHAKRABARTI P. The Koyna earthquake and the damage to Koyna Dam ［J］. Bulletin of The Seismological Society of America, 1973, 63 (2): 381.

［86］ WIELAND M. Earthquake safety of concrete dams and seismic design criteria for major dam projects ［J］. ICOLD publication, 2004.

［87］ INDERMAUR W, BRENNER R P, ARASTEH T. The Effects of the 1990 Manjil earthquake on Sefid Rud buttress dam ［J］. Dam Engineering, 1991, 2 (4): 275 - 305.

［88］ 宋胜武, 蔡德文. 汶川大地震紫坪铺混凝土面板堆石坝震害现象与变形监测分析 ［J］. 岩石力学与工程学报, 2009, 28 (4): 840 - 849.

［89］ 关志诚. 紫坪铺水利枢纽工程 "5.12" 震害调查与安全状态评述 ［J］. 中国科学 （E辑: 技术科学）, 2009, 39 (7): 1291 - 1303.

［90］ 陈容, 刘林. 震后碧口大坝安全监测资料分析 ［J］. 大坝与安全, 2011 (3): 43 - 46, 50.

［91］ ZHANG J M, YANG Z Y, GAO X Z, et al. Lessons from damages to high embankment dams in the May 12, 2008 Wenchuan earthquake ［J］. ASCE Geotech Special Pub, 2010, 201: 1 - 31.

［92］ 王高辉. 极端荷载作用下混凝土重力坝的动态响应行为和损伤机理 ［D］. 天津: 天津大学, 2014.

［93］ ELNASHAI A S, BOMMER J J, MARTINEZ - PEREIRA A. Engineering implications of strong - motion records from recent earthquakes ［C］//Proceedings of 11th European conference on earthquake engineering, 1998.

［94］ HELMSTETTER A, SORNETTE D. Bath's law derived from the Gutenberg - Richter law and from aftershocks properties ［J］. Geophysical Research Letters, 2003, 30 (20).

［95］ 吴波, 欧进萍. 主震与余震的震级统计关系及其地震动模型参数 ［J］. 地震工程与工程振动, 1993, (3): 28 - 35.

［96］ ALLIARD P, LÉGER P. Earthquake Safety Evaluation of Gravity Dams Considering Aftershocks and Reduced Drainage Efficiency ［J］. Journal of Engineering Mechanics, 2008, 134 (1): 12 - 22.

［97］ XIA Z, YE G, WANG J, et al. Fully coupled numerical analysis of repeated shake - consolidation process of earth embankment on liquefiable foundation ［J］. Soil Dynamics And Earthquake Engineering, 2010, 30 (11): 1309 - 1318.

［98］ ZHANG S, WANG G, SA W. Damage evaluation of concrete gravity dams under mainshock - aftershock seismic sequences ［J］. Soil Dynamics And Earthquake Engineering, 2013, 50: 16 - 27.

［99］ 李刚, 程耿东. 基于性能的结构抗震设计——理论、方法与应用 ［M］. 北京: 科学出版社, 2004.

［100］ 李宏男, 陈国兴, 林皋. 地震工程学 ［M］. 北京: 机械工业出版社, 2013.

［101］ ASCE 41. Seismic Rehabilitation of Existing Buildings ［M］. Reston, Virginia: American Society of Civil Engineers, 2006.

［102］ TBI Guidelines Working Group. Guidelines for performance - based seismic design of tall buildings

［R］. Berkeley，California：Pacific Earthquake Engineering Research Center，University of California，2010.

［103］　庞锐. 高面板堆石坝随机动力响应分析及基于性能的抗震安全评价［D］. 大连：大连理工大学，2019.

［104］　YAMANOUCHI H，et al. Performance - based engineering for structural design of buildings ［M］. Building Research Institute，Ministry of Construction，2000.

［105］　FRAGIADAKIS M，PAPADRAKAKIS M. Performance - based optimum seismic design of reinforced concrete structures ［J］. Earthquake Engineering and Structural Dynamics，2008，37（6）：825 - 844.

［106］　SASANI M. A two - level - performance - based design of reinforced concrete structural walls ［C］// Proceedings of 6th US National Conference on Earthquake Engineering. Oakland（C. A.）：1998.

［107］　MAZZOLANI F M，PILUSO V. A simple approach for evaluating performance levels of moment - resisting steel frames ［J］. Seismic Design Methodologies for the Next Generation of Codes. Rotterdam：AA Blakeman，1997：241 - 252.

［108］　LEHMAN D E，MOEHLE J P. Seismic performance of well - confined concrete bridge columns ［M］. Berkeley，California：Pacific Earthquake Engineering Research Center，University of California，2000.

［109］　李崝，叶燎原. Push - over 分析法及其与非线性动力分析法的对比［J］. 世界地震工程，1999，15（2）：34 - 39.

［110］　王光远，顾平，吕大刚. 基于规范和最优设防烈度的抗地震结构优化设计［J］. 土木工程学报，1999，32（2）：41 - 46.

［111］　谢晓健，蒋永生，梁书亭，等. 基于结构功能设计理论的发展综述［J］. 东南大学学报（自然科学版），2000，30（4）：9 - 15.

［112］　谢礼立，马玉宏. 基于抗震性态的设防标准研究［J］. 地震学报，2002，24（2）：200 - 209.

［113］　叶燎原，潘文. 结构静力弹塑性分析（push - over）的原理和计算实例［J］. 建筑结构学报，2000，21（1）：37 - 43.

［114］　钱稼茹，吕文，方鄂华. 基于位移延性的剪力墙抗震设计［J］. 建筑结构学报，1999，23（3）：42 - 49.

［115］　钱稼茹，罗文斌. 建筑结构基于位移的抗震设计［J］. 建筑结构，2001，31（4）：3 - 6.

［116］　建筑工程抗震性态设计通则（试用）：CECS 160—2004［S］. 北京：中国计划出版社，2004.

［117］　欧进萍，瞿伟廉. 非线性多自由度体系在平稳随机荷载作用下的动力可靠性分析［J］. 地震工程与工程振动，1984，4（1）：20 - 35.

［118］　汪梦甫，周锡元. 高层建筑结构抗震弹塑性分析方法及抗震性能评估的研究［J］. 土木工程学报，2003，36（11）：44 - 49.

［119］　王丰，李宏男，伊廷华. 钢筋混凝土结构直接基于损伤性能目标的抗震设计方法［J］. 振动与冲击，2009，28（2）：128 - 131.

［120］　史庆轩，门进杰. 建筑结构基于性能的抗震评估的等 ζy 延性谱法［J］. 地震工程与工程振动，2007，27（1）：54 - 58.

［121］　周奎，李伟，余金鑫. 地震易损性分析方法研究综述［J］. 地震工程与工程振动，2011，（1）：106 - 113.

［122］　丘治东. 考虑混凝土损伤的大坝有限元分析［D］. 广州：华南理工大学，2011.

［123］　温晓晨. 基于 ADINA 重力坝静力和地震时程响应分析［D］. 昆明：昆明理工大学，2016.

[124] MASJDISI F I, SEED H B. Simplified Procedure for Estimating Dam and Embankment Earthquake—Induced Deformation [J]. Pro, ASCE. 1978, 104 (GT7).

[125] KHOEI A R, AZAMI A R, HAERI S M. Implementation of plasticity－based models in dynamic analysis of earth and rockfill dam: A comparison of pastor－Zienkiewicz and cap models [J]. Computer and Geotechnics, 2004, 31 (5): 384－409.

[126] LI X S, MING H Y. Seepage driving effect on deformations of Sam Fernando Dam [J]. Soil Dynamics and Earthquake Engineering, 2004, 24 (12): 979－992.

[127] LIN G. Seismic response of arch dams including strain－rate effects [C] //Proc of the International Conference on Advances and New Challenges in Earthquake Engineering Research. Harbin and Hong Kong: 2002.

[128] AAHMADI M T, IZADINIA M, BACHMANN H. A Discrete crack joint model for nonlinear dynamic analysis of concrete arch dam [J]. Computers and structures, 2001, 79 (4): 403－420.

[129] DONG X T, ZHONG T, Li Y. New Suppression Technology for Low－frequency Noise in Desert Region: The Improved Robust Principle Component Analysis Based on Prediction of Neural Network [J]. IEEE Transactions on Geoscience and Remote Sensing, 2020, 58 (7): 4680－4690.

[130] WU N, LI Y, YANG B J. Applications of the trace transform in surface wave attenuation on seismic records [J]. IEEE Transactions on Geoscience and Remote Sensing, 2011, 49 (12): 4997－5007.

[131] 杨佳辰. 基于小波包方法的模拟地震动工程应用研究 [D]. 大连: 大连理工大学, 2021.

[132] 胡聿贤, 周锡元. 弹性体系在平稳和平稳化地面运动下的反应 [R] //中国科学院土木建筑研究所地震工程研究报告集第一集. 北京: 科学出版社, 1962.

[133] 陈红星, 戴源, 倪文龙, 等. 人工地震波的模拟及其反应特征研究 [J]. 城市道桥与防洪, 2022, (1): 191－195, 23－24.

[134] GASPARINI D, VANMARCKE E H. Simulated earthquake motions compatible with prescribed response spectra [R]. M. I. T Department of civil engineering research, 1976.

[135] KANAI K. Semi－empirical formula for the seismic characteristic of ground [R]. Tokyo: Institute of seismology, University of Tokyo, 1957, 35 (2): 1－12.

[136] MAHARAJ K K. Stochastic characterization of earthquakes through their response spectrum [J]. Earthquake Engineering & Structural Dynamics, 1978, 6 (5): 497－509.

[137] ABDEL－GHAFFAR A M, KOH A. Longitudinal vibration of non－homogeneous earth dams [J]. Earthquake Engineering & Structural Dynamics, 1981, 9 (3): 279－305.

[138] ARIYAN M, HABIBAGAHI G, NIKOOEE E. Seismic response of earth dams considering dynamic properties of unsaturated zone [J]. E3S Web of Conferences, 2016, 9: 8002.

[139] 何蕴龙, 陆述远. 重力坝地震动力可靠度分析方法研究 [J]. 水利学报, 1998, (4): 66－69.

[140] 杜修力, 陈维. 李亮, 等. 斜入射条件下地下结构时域地震反应分析初探 [J]. 震灾防御技术, 2007, (3): 290－296.

[141] 赵建锋, 杜修力, 韩强, 等. 外源波动问题数值模拟的一种实现方式 [J]. 工程力学, 2007, (4): 52－58.

[142] 王琴, 陈隽, 李杰. 斜入射地震波作用下地下管线的地震反应分析 [J]. 华中科技大学学报 (城市科学版), 2008, (4): 283－286.

[143] 徐海滨. 地震波斜入射对拱坝地震反应的影响 [D]. 北京: 北京工业大学, 2010.

[144] 苑举卫, 杜成斌, 刘志明. 地震波斜入射条件下重力坝动力响应分析 [J]. 振动与冲击, 2011,

30 (7)：120 – 126.

[145] WANG X W. CHEN J T, XIAO M. Seismic responses of an underground powerhouse structure subjected to oblique incidence SV and P waves [J]. Soil Dynamics and Earthquake Engineering, 2019, 119：130 – 143.

[146] GARCIA F, AZNAREZ J J, PADRON L A, et al. Relevance of the incidence angle of the seismic waves on the dynamic response of arch dams [J]. Soil Dynamics and Earthquake Engineering, 2016, 90：442 – 453.

[147] 蔡新, 武颖利, 郭兴文. 混凝土坝及坝后式厂房整体地震响应分析 [J]. 河海大学学报 (自然科学版), 2008, 1：49 – 53.

[148] 朱国金, 苏怀智, 胡灵芝. 碾压混凝土坝结构性态的块体元与有限元耦合分析模型 [J]. 河海大学学报 (自然科学版), 2005, 6：36 – 39.

[149] 黄宜胜, 常晓林, 李建林. 金安桥水电站左岸坡坝段群抗震性能研究 [J]. 水利水电技术, 2006, 2：78 – 80.

[150] 兰仁烈. 重力坝深层抗滑稳定的可靠度分析 [J]. 水电站设计, 2003, (1)：26 – 30.

[151] DUNCAN J M. Factors of safety and reliability in geotechnical engineering [J]. Journal of Geotechnical and Geoenironmental Engineering, 2000, 126 (4)：307 – 316.

[152] 李守义, 寇效忠. 重力坝深层抗滑稳定可靠度分析 [J]. 水利学报, 1988, (s1)：24 – 27.

[153] 王东, 陈建康. 重力坝可靠度参数敏感性探讨 [J]. 四川大学学报 (工程科学版), 2001, (4)：1 – 5.

[154] 陈颖, 王东升, 朱长春. 随机结构在随机载荷下的动力可靠度分析 [J]. 工程力学, 2006, (10)：82 – 85.

[155] 张楚汉, 金峰, 王进廷, 等. 高混凝土坝抗震安全评价的关键问题与研究进展 [J]. 水利学报, 2016, 3：253 – 264.

[156] 郝志强, 武亮, 郭靖. 基于有限元方法的重力坝稳定可靠度计算 [J]. 中国农村水利水电, 2009, (5)：127 – 128.

[157] 林皋, 陈健云, 肖诗云. 混凝土的动力特性与拱坝的非线性地震响应 [J]. 水利学报, 2003, 6：30 – 36.

[158] ZHONG H, LIN G, LI J, et al. An efficient time – domain damping solvent extraction algorithm and its application to arch dam – foundation interaction analysis [J]. Communications in Numerical Methods in Engineering. 2008, 24 (9)：727 – 748.

[159] LIN G, WANG Y, HU Z. An efficient approach for frequency – domain and time – domain hydrodynamic analysis of dam – reservoir systems [J]. Earthquake Engineering & Structural Dynamics. 2012, 41 (13)：1725 – 1749.

[160] 陶磊. 工程结构考虑地基—结构动力相互作用影响的地震响应分析 [D]. 西安：西安理工大学, 2017.

[161] 赵密. 粘弹性人工边界及其与透射人工边界的比较研究 [D]. 北京：北京工业大学, 2004.

[162] 赵崇斌, 张楚汉, 张光斗. 用无穷元模拟半无穷平面弹性地基 [J]. 清华大学学报 (自然科学版), 1986, 26 (3)：51 – 64.

[163] 金峰, 张楚汉, 王光纶. 结构地基相互作用的 FE – BE – IBE 耦合模型 [J]. 清华大学学报 (自然科学版), 1993, 33 (2)：17 – 25.

[164] ZHANG C, SONG C M, PEKAU O A. Infinite boundary element for dynamic problems of 3 – D half space [J]. International Journal for Numerical Methods in Engineering, 1991, 31 (3)：

447－462.

[165] 张春潮. 考虑坝-无限地基动力相互作用的地震动输入模型 ［D］. 大连：大连理工大学，2016.

[166] SOMMERFELD A. Partial Differential Equations in Physics ［M］. New York：Academic Press，1964.

[167] LYSMER J，KULEMEYER R L. Finite Dynamic Model for Infinite Media ［J］. Journal of Engineering Mechanics Division，ASCE. 1969，95（4）：759－877.

[168] SMITH W D. A Non－reflecting Plane Boundary for Wave Propagation Problems ［J］. Journal of Computational Physics，1974，15：492－503.

[169] CLAYTON R，ENGQUIST B. Absorbing Boundary Condition for Acoustic and Elastic Wave Equations ［J］. Bulletin of the Seismological Society of America，1977，67（6）：1529－1540.

[170] CLAYTON R，ENGQUIST B. Absorbing Boundary Conditions for Wave－Equation Migration ［J］. Geophysics，1980，45（5）：895－904.

[171] HIGDON R L. Absorbing Boundary Conditions for Difference Approximations to The Multi－Dimensional Wave Equation ［J］. Mathematics of Computation，1986，47（176）：437－459.

[172] HIGDON R L. Absorbing Boundary Conditions for Acoustic and Elastic Waves in Stratified Media ［J］. Journal of Computational Physics，1992，101：386－418.

[173] DEEKS A J，RANDOLPH M F. Axisymmetric Time－Domain Transmitting Boundaries ［J］. Journal of Engineering Mechanics，1994，120（1）：25－42.

[174] 刘晶波，吕彦东. 结构-地基动力相互作用问题分析的一种直接方法 ［J］. 土木工程学报，1998，31（3）：55－64.

[175] 廖振鹏，杨柏坡，袁一凡. 暂态弹性波分析中人工边界的研究 ［J］. 地震工程与工程振动，1982，2（1）：1－11.

[176] 廖振鹏，黄孔亮，杨柏坡，等. 暂态波透射边界 ［J］. 中国科学 A 辑，1984，27（6）：556－564.

[177] 李兆霞. 损伤力学及其应用 ［M］. 北京：科学出版社，2002.

[178] KAPLAN M F. Crack Propagation and the Fracture of Concrete ［J］. ACI. J.，1961，58（5）：591－610.

[179] KACHANOV L M. Time of the Rupture Process under Creep Conditions ［J］. Izv. Akad. Nank. SSR Otd. Tech. Nauk.，1958，8：26－31.

[180] 闫春丽. 考虑材料拉压损伤的混凝土重力坝强震破坏机理研究 ［D］. 北京：中国水利水电科学研究院，2020.

[181] HULT J. Damage－Induced Tensile Instability ［C］//Trans. 3rd AMIRT. London：1975.

[182] KAJCINOVIC D. Continuum Damage Theory of Brittle Materials ［J］. J. Appl. Mech.，1981，48：809－824.

[183] HUI H D，DANG V K，DE L E. On Creep and Facture of Engineering Materials and Structures ［C］//Proc. 2nd Inter. Conf. Swansea，1984.

[184] KAJCINOVIC D. Continuous Damage Mechanics ［J］. Appl. Mech. Rev.，1984，37（1）：11－21.

[185] 高路彬. 混凝土变形与损伤的分析 ［J］. 力学进展，1993，23（4）：510－519.

[186] 封伯昊，张立翔，李桂青. 混凝土损伤研究综述 ［J］. 昆明理工大学学报，2001，26（3）：21－30.

[187] 王振波，徐道远，朱杰江. 大体积混凝土结构温度荷载下的细观损伤分析 ［J］. 河海大学学报（自然科学版），2000，28（4）：19－22.

[188] 王宏义. 混凝土疲劳损伤研究综述 ［J］. 山西建筑，2007，33（18）：74－75.

[189] MINER M A. Cumulative damage in fatigue [J]. J Applied Mech.，1945，12（3）：159 - 164.

[190] HILSDORF H K，KESLER C E. Fatigue Strength of Concrete Under Varying Flexural Stresses [J]. Journal of the American Concrete Institute，1966，63（10）：1059 - 1076.

[191] MANSON S S，FRECHE J C，ENSIGN C R. Application of a double linear damage rule to cumulative fatigue [C]. Philadelphia：ASTM STP 415，1967.

[192] 牛焱洲，涂传林，张水文. 施工期混凝土坝的非线性损伤分析 [J]. 水利学报，1992（8）：61 - 67.

[193] 封伯昊，张立翔，金峰，等. 基于损伤的混凝土大坝可靠度分析 [J]. 工程力学，2005，22（3）：46 - 51.

[194] 肖建清，徐根，蒋复量. 混凝土损伤模型的分类研究 [J]. 矿业研究与开发，2007，27（1）：82 - 84.

[195] 张向荣. 考虑损伤的混凝土非线性粘弹性本构关系研究 [D]. 湘潭：湘潭大学，2002.

[196] 过镇海. 混凝土的强度和变形试验基础和本构关系 [M]. 北京：清华大学出版社，1997.

[197] MAZARS J. Pijaudier - Cabot，G. Continuum Damage Theory Application to Concrete [J]. Journal of Engineering Mechanics，1989，115（2）：345 - 365.

[198] BAZANT Z P，BHET D P. Endochronic Theory of Inelastic and Failure of Concrete [J]. ASCE，1976，102：701 - 711.

[199] 宋玉普. 钢筋混凝土有限元分析中的力学模型 [D]. 大连：大连理工大学，1988.

[200] GAO L B，CHENG Q G. An Anisotropic damage constitutive model for concrete and its applications [M]. Beijing：International Academic Publisher，1988.

[201] LEE J，FENVES G L. A plastic - damage concrete model for earthquake analysis of dams [J]，Earthquake Engineering & Structural Dynamics，1998，27（9）：937 - 956.

[202] CALAYIR Y，KARATON M. A continuum damage concrete model for earthquake analysis of concrete gravity dam - reservoir systems [J]. Soil Dynamics and Earthquake Engineering，2005，25（11）：857 - 869.

[203] 白卫峰，陈健云，钟红，基于混凝土率相关损伤模型的重力坝地震动超载响应分析 [J]. 水利学报，2006，37（7）：820 - 826.

[204] 张我华，邱战洪，余功栓. 地震荷载作用下坝及其岩基的脆性动力损伤分析 [J]. 岩石力学与工程学报，2004（8）.

[205] 吴建营. 基于损伤能释放率的混凝土弹塑性损伤本构模型及其在结构非线性分析中应用 [D]. 上海：同济大学，2004.

[206] 张衡. 混凝土分析断裂行为及损伤本构关系研究 [D]. 广州：华南理工大学，2010.

[207] MAO M，CA Taylor. Non - linear seismic cracking analysis of concrete gravity dams [J]. Computers & Structures，1997，64（5 - 6）：1197 - 1204.

[208] AHMADI M T，IZADINIA M，BACHMANN H. A discrete crack joint model for nonlinear dynamic analysis of concrete arch dam [J]. Computers & Structures，2001，79（4）：403 - 420.

[209] BHATTACHARJEE S S，LÉGER P. Application of NLFM models to predict cracking in concrete gravity dams [J]. Journal of Structural Engineering，1994，120（4）：1255 - 1271.

[210] MIRZABOZORG H，GHAEMIAN M. Non - linear behavior of mass concrete in three - dimensional problems using a smeared crack approach [J]. Earthquake Engineering & Structural Dynamics，2005，34（3）：247 - 269.

[211] 沈怀至，周元德，王进廷. 基于弥散裂缝模型的重力坝简化地震分析 [J]. 水利学报，2007，38

(10): 1221-1227.

[212] LAGIER F, JOURDAIN X, DE SA C, etal. Numerical strategies for prediction of drying cracks in heterogeneous materials: Comparison upon experimental results [J]. Engineering Structures, 2011, 33 (3): 920-931.

[213] INGRAFFEA A R, SAOUMA V. Numerical modeling of discrete crack propagation in reinforced and plain concrete, Fracture Mechanics of Concrete: structural application and numerical calculation [J]. Springer Netherlands, 1985: 171-225.

[214] THEINER Y, HOFSTETTER G. Numerical prediction of crack propagation and crack widths in concrete structures [J]. Engineering Structures, 2009, 31 (8): 1832-1840.

[215] MARKOVIČ M, KRAUBERGER N, SAJE M, et al. Non-linear analysis of pre-tensioned concrete planar beams [J]. Engineering Structures, 2013, 46: 279-293.

[216] CERVERA M, OLIVER J. Seismic evaluation of concrete dams via damage models [J]. Earthquake Engineering and Structural Dynamics, 1995, 24: 1225-1245.

[217] GH RIB F., T INAW I R. An application of damage mechanics for seismic analysis of concrete gravity dams [J]. Earthquake Engineering and Structural Dynamics, 1995, 24: 157-173.

[218] VALLIAPPAN S., YAZDCHI M., KHALILI N. Seismic analysis of archdams' continuum damage mechanics approach [J]. International Journal for Numerical Methods in Engineering, 1999, 45: 1695-1724.

[219] 张国新, 金峰, 王光纶. 用基于流形元的子域奇异边界元法模拟重力坝的地震破坏 [J]. 工程力学, 2001, 18 (4): 18-27.

[220] 刘钧玉, 林皋, 李建波, 等. 重力坝动态断裂分析 [J]. 水利学报, 2009, 9 (9): 1096-1102.

[221] 于贺. 高寒地区混凝土大坝冻融破坏机理研究 [D]. 大连: 大连理工大学, 2012.

[222] 朱伯芳. 大体积馄凝土温度应力与温度控制 [M]. 北京: 中国电力出版社, 1999.

[223] 赵国藩, 李树瑶, 廖婉卿. 钢筋馄凝土结构的裂缝控制 [M]. 北京: 海洋出版社, 1991.

[224] WILSON E L. The Determination of Temperatures within Mass Concrete Structures [J]. Structures and Materials Research, 1968, 12 (2): 30-62.

[225] 李潘武, 李慧民. 大体积混凝土温度构造钢筋的配置 [J]. 四川建筑科学研究, 2005, 31 (2): 5.

[226] 郭少华. 混凝土破坏理论研究进展 [J]. 力学进展, 1993, 23 (4): 10.

[227] 尹双增. 断裂判据与在混凝土工程中应用 [M]. 北京: 科学出版社, 1996.

[228] 关虓, 牛荻涛, 王家滨, 等. 基于 Weibull 强度理论的混凝土冻融损伤本构模型研究 [J]. 混凝土, 2015, (5): 5-9.

[229] MOLERO M, APARICIO S, ALASSADI G, et al. Evaluation of freeze-thaw damage in concrete by ultrasonic imaging [J]. NDT & International, 2012 (52): 86-94.

[230] 郭旭. 冻融环境下重力坝的地震响应分析 [D]. 大庆: 东北石油大学, 2021.

[231] WANG K J, NELSEN D E, NIXON W A. Damaging effects of deicing chemicals on concrete materials [J]. Cement and Concrete Composites, 2006, 28 (2): 173-188.

[232] LI C Q. Reliability Based Service Life prediction of corrosion affected concrete structures [J]. ASCE, Journal of Structural Engineering, 2004, 130 (10): 1570-1577.

第2章 动力学方程时域数值计算
方法及地震波处理

2.1 引 言

时域和频域分析为解决线弹性结构动力反应常用的方法[1]。当外荷载 $P(t)$ 为解析函数时，采用这两种方法一般可以得到体系动力反应的解析解。当荷载变化复杂时无法得到解析解，通过数值计算可以得到动力反应的数值解。这两种分析方法的特点是均基于叠加原理，要求结构体系是线弹性的，但当外荷载较大时，结构可能进入弹塑性，或结构位移较大时，结构可能进入几何非线性，叠加原理将不再适用，此时可以采用时域逐步积分法求解运动微分方程。

根据是否需要联立求解耦联方程，时域逐步积分法可以分为两大类：隐式方法和显式方法。隐式方法逐步积分计算公式是耦联的方程组，需联立求解，计算工作量大，通常增加的工作量与自由度的平方成正比，例如 Newmark 法、Wilson-θ 法[2]。显式方法逐步积分计算公式是解耦的方程组，无需联立求解，计算工作量小，增加的工作量与自由度成线性关系，如中心差分方法。本章将简单介绍几种动力学方程时域数值方法，包括中心差分法、Newmark 法、Wilson-θ 法以及中心差分与 Newmark 结合法。

由于未来地震动的不确定性和结构在地震中一旦发生破坏时后果的严重性，合理选取输入的激励地震波记录是一个保证时域计算结果可靠性的重要条件。根据以往的研究表明，虽然对建筑物场地的未来地震动难以准确地定量确定，但只要正确选择地震动的主要参数，且所选用的地震波基本符合这些主要参数，则时程分析的结果可以较真实地体现结构在未来地震作用下的反应，满足结构抗震分析的要求。

2.2 动力学方程时域数值方法计算

2.2.1 中心差分法

对于一个实际结构，由有限元离散化处理后，其动力学方程为

$$[M]\ddot{x}(t)+[C]\dot{x}(t)+[K]x(t)=F(t) \tag{2.1}$$

式中　　M、C、K——结构的质量矩阵、阻尼矩阵和刚度矩阵；

$\qquad F(t)$——载荷向量；

$\ddot{x}(t)$、$\dot{x}(t)$、$x(t)$——节点加速度、速度、位移矢量。

中心差分法假定初始条件 $t=0$ 时的位移、速度、加速度已知，将时间 $0\sim T$ 等分成 n 个时间间隔 Δt（$\Delta t=T/n$），假定 0，Δt，$2\Delta t$，$\cdots$，t 时刻的位移加速度已经求得，通过

差分形式表达 $t+\Delta t$ 时刻的解，如图2.1所示。

设时刻 $t-\Delta t$、t 和 $t+\Delta t$ 处，位移分别为 $x_{t-\Delta t}$、x_t、$x_{t+\Delta t}$，速度分别为 $\dot{x}_{t-\Delta t}$、$\dot{x}_t$、$\dot{x}_{t+\Delta t}$，加速度分别为 $\ddot{x}_{t-\Delta t}$、$\ddot{x}_t$、$\ddot{x}_{t+\Delta t}$。将 $x_{t+\Delta t}$ 在时刻点 t 展开成泰勒多项式，并取有限项作为 $x_{t+\Delta t}$ 的近似值 [式（2.2）]：

$$x_{t+\Delta t}=x_t+\dot{x}_t\Delta t+\frac{\Delta t^2}{2}\ddot{x}_t \qquad (2.2)$$

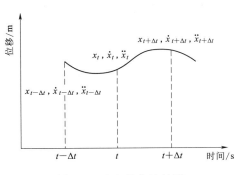

图 2.1　中心差分法计算

对式（2.2）求导可得

$$\dot{x}_{t+\Delta t}=\dot{x}_t+\ddot{x}_t\Delta t \qquad (2.3)$$

在 $[t-\Delta t,\ t]$ 区间，$\dot{x}_t$ 可以近似表达为

$$\dot{x}_t=\frac{1}{\Delta t}(x_t-x_{t-\Delta t}) \qquad (2.4)$$

在 $[t,\ t+\Delta t]$ 区间，$\dot{x}_{t+\Delta t}$ 可以近似表达为

$$\dot{x}_{t+\Delta t}=\frac{1}{\Delta t}(x_{t+\Delta t}-x_t) \qquad (2.5)$$

将式（2.4）、式（2.5）代入式（2.3）中，得到中间点加速度与相邻位移之间的关系为

$$\ddot{x}_t=\frac{1}{\Delta t}(\dot{x}_{t+\Delta t}-\dot{x}_t)=\frac{1}{\Delta t^2}(x_{t+\Delta t}-2x_t+x_{t-\Delta t}) \qquad (2.6)$$

根据上面的推导过程，更普遍的是将加速度变换为如下形式：

$$\ddot{x}_t=\frac{\lambda}{\Delta t^2}(x_{t+\Delta t}-2x_t+x_{t-\Delta t}) \qquad (2.7)$$

式中　λ——调节加速度的常数，$\lambda>0$。

在 $[t-\Delta t,\ t+\Delta t]$ 区间，时间点 t 的速度又可近似表达为

$$\dot{x}_t=\frac{1}{2\Delta t}(x_{t+\Delta t}-x_{t-\Delta t}) \qquad (2.8)$$

将式（2.7）、式（2.8）代入动力学方程式（2.1）中，整理得到

$$\left(\frac{\lambda}{\Delta t^2}M+\frac{1}{2\Delta t}C\right)x_{t+\Delta t}=F_t-\left(K-\frac{2\lambda}{\Delta t^2}M\right)x_t-\left(\frac{\lambda}{\Delta t^2}M-\frac{1}{2\Delta t}C\right)x_{t\Delta t} \qquad (2.9)$$

当 $\lambda=1$ 时，该方程即为经典的中心差分格式，在波传播和近场理论应用广泛，随着时间的推移，波动会逐渐超前，累积误差逐渐增加，通过改变 λ 值可以有效降低计算误差的扩展。但是中心差分法是条件稳定的，其稳定性条件为

$$\Delta t\leqslant\frac{T_n}{\pi}$$

T_n 是有限元系统的最小固有周期，对于单自由度弹簧质量系统来说，$T_n=2\pi\sqrt{\dfrac{m}{K}}$。

2.2.2　Newmark 法

Newmark 提出了一种常用的逐步列式。考虑如图2.2的线性加速度模式，时刻 t 的

加速度为 $\ddot{x}_t$，时刻 $t+\Delta t$ 的加速度为 $\ddot{x}_{t+\Delta t}$，加速度的斜率为 ξ。

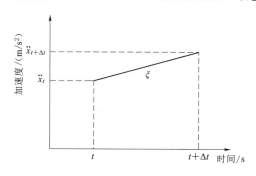

图 2.2　线性加速度模式

采用线性加速度假设时，时间段内的加速度表达式为

$$\ddot{x}_{t+\tau}=\ddot{x}_t+\xi\tau(0\leqslant\tau\leqslant\Delta t) \tag{2.10}$$

式中　ξ——斜率，$\xi=\dfrac{\ddot{x}_{t+\Delta t}-\ddot{x}_t}{\Delta t}$。

对式（2.10）一次积分得到速度函数

$$\int_0^{\Delta t}\ddot{x}_{t+\tau}\mathrm{d}\tau=\int_0^{\Delta t}(\ddot{x}_t+\xi\tau)\mathrm{d}\tau \tag{2.11}$$

整理后得到

$$\dot{x}_{t+\Delta t}=\dot{x}_t+\left(\frac{1}{2}\ddot{x}_t+\frac{1}{2}\ddot{x}_{t+\Delta t}\right)\Delta t \tag{2.12}$$

对式（2.10）二次积分得到位移函数

$$\iint_0^{\Delta t}\ddot{x}_{t+\tau}\mathrm{d}^2\tau=\iint_0^{\Delta t}(\ddot{x}_t+\xi\tau)\mathrm{d}^2\tau \tag{2.13}$$

整理后得到

$$x_{t+\Delta t}=x_t+\Delta t\dot{x}_t+\frac{\Delta t^2}{2}\ddot{x}_t+\frac{1}{6}\xi\Delta t^3=x_t+\Delta t\dot{x}_t+\left(\frac{1}{3}\ddot{x}_t+\frac{1}{6}\ddot{x}_{t+\Delta t}\right)\Delta t^2 \tag{2.14}$$

当采用常加速度假设时，加速度 $\xi=0$，速度和位移为

$$\begin{cases}\dot{x}_{t+\Delta t}=\dot{x}_t+\ddot{x}_t\Delta t\\ x_{t+\Delta t}=x_t+\Delta t\dot{x}_t+\dfrac{\Delta t^2}{2}\ddot{x}_t\end{cases} \tag{2.15}$$

Newmark 法采用下面的位移和速度模式：

$$\begin{cases}\dot{x}_{t+\Delta t}=\dot{x}_t+[(1-\delta)\ddot{x}_t+\delta\ddot{x}_{t+\Delta t}]\Delta t\\ x_{t+\Delta t}=x_t+\Delta t\dot{x}_t+\left[\left(\dfrac{1}{2}-\alpha\right)\ddot{x}_t+\alpha\ddot{x}_{t+\Delta t}\right]\Delta t^2\end{cases} \tag{2.16}$$

当 $\delta=\dfrac{1}{2}$、$\alpha=\dfrac{1}{6}$ 时，式（2.16）对应于式（2.15）、式（2.14）的线性加速度模式，因此，Newmark 法被认为是加速度的推广形式。和中心差分法不同，Newmark 法中时间点 $t+\Delta t$ 的位移 $x_{t+\Delta t}$ 是求解 $t+\Delta t$ 时刻动力方程得到的，中心差分法则是求解 t 时刻的动力方程得到的。

从式（2.16）中解得 $t+\Delta t$ 时刻互不耦合的速度和加速度：

$$\begin{cases}\dot{x}_{t+\Delta t}=\dfrac{\delta}{\alpha\Delta t}(x_{t+\Delta t}-x_t)+\left(1-\dfrac{\delta}{\alpha}\right)\dot{x}_t+\left(1-\dfrac{\delta}{2\alpha}\right)\Delta t\ddot{x}_t\\ \ddot{x}_{t+\Delta t}=\dfrac{\delta}{\alpha\Delta t^2}(x_{t+\Delta t}-x_t)-\dfrac{1}{\alpha\Delta t}\dot{x}_t-\left(\dfrac{1}{2\alpha}-1\right)\ddot{x}_t\end{cases} \tag{2.17}$$

将 $\dot{x}_{t+\Delta t}$、$\ddot{x}_{t+\Delta t}$ 代入动力方程：

$$M\ddot{x}_{t+\Delta t}+C\dot{x}_{t+\Delta t}+Kx_{t+\Delta t}=F_{t+\Delta t}$$

整理得到根据 x_t、$\dot{x}_t$、$\ddot{x}_t$ 计算 $x_{t+\Delta t}$ 的公式：

$$\left(K+\frac{1}{\alpha\Delta t^2}M+\frac{\delta}{\alpha\Delta t}C\right)x_{t+\Delta t}=F_{t+\Delta t}+\left[\frac{1}{\alpha\Delta t^2}x_t+\frac{1}{\alpha\Delta t}\dot{x}_t+\left(\frac{1}{2\alpha}-1\right)\ddot{x}_t\right]M+$$

$$\left[\frac{\delta}{\alpha\Delta t}x_t+\frac{\delta}{\alpha}\dot{x}_t+\delta\left(\frac{1}{2\alpha}-1\right)\Delta t\ddot{x}_t\right]C \tag{2.18}$$

由于刚度矩阵 K 出现在式（2.18）的左侧，因此在求解时矩阵求逆是必然的，节点自由度不能解耦，为隐式算法。矩阵求逆的计算量非常巨大，特别是当涉及非线性问题时，K、M、C 矩阵可能随时间变化，通常只能采用显式算法来计算此类问题。

Newmark 法的计算精度取决于时间步长的大小，而时间步长的确定必须要考虑荷载变化情况和系统自振周期的长短，通常要求 Δt 小于对响应有重要影响的最小结构自振周期的 $1/7$。

2.2.3 Wilson-θ 法

Wilson-θ 法是一种无条件的稳定方法。该法不论时间步长 Δt 与系统最短自振周期 T_{min} 的比值如何，总能得到稳定的解。实际上 Wilson-θ 法是逐步积分法的一种修正。逐步积分法是假定时间步长 Δt 内加速度按线性变化，而 Wilson-θ 法则假定在一个延伸的计算步长内 $\tau=\theta\Delta t$ $(\theta>1.37)$ 的加速度按线性变化，加速度增量 $\bar{\Delta}\ddot{x}_t$ 是在延长的时间步长 $\theta\Delta t$ 上算出来的，而对应于时间步长 Δt 上的加速度增量 $\Delta\ddot{x}_t$ 是用内插法得到的。这时，速度和位移的增量为

$$\begin{cases}\bar{\Delta}\dot{x}_t=\ddot{x}_t\pi+\bar{\Delta}\ddot{x}\dfrac{\tau}{2}\\[2mm]\bar{\Delta}x_t=\dot{x}_t\pi+\ddot{x}_t\dfrac{\tau^2}{2}+\bar{\Delta}\ddot{x}_t\dfrac{\tau^2}{6}\end{cases} \tag{2.19}$$

式中　$\bar{\Delta}$——与延长的时间步长 $\tau=\theta\Delta t$ 相对应的增量。

从式（2.19）中解出用 $\bar{\Delta}x_t$ 表示 $\bar{\Delta}\dot{x}_t$ 和 $\bar{\Delta}\ddot{x}_t$ 的表达式，再代入增量平衡方程，便可导出用步长 τ 建立的方程：

$$\widetilde{K}_t\bar{\Delta}x_t=\bar{\Delta}\widetilde{F}_t \tag{2.20}$$

其中　　　　　　　　$$\widetilde{K}_t=K_t+\frac{6}{\tau^2}M+\frac{3}{\tau}C_t$$

$$\bar{\Delta}\widetilde{F}_t=\bar{\Delta}F_t+M\left(\frac{6}{\tau}\dot{x}_t+3\ddot{x}_t\right)+C_t\left(3\dot{x}_t+\frac{\tau}{2}\ddot{x}_t\right)$$

从式（2.20）解出时间步长 τ 上的位移增量 $\bar{\Delta}x_t$ 后，再由式（2.21）计算加速度增量：

$$\bar{\Delta}\ddot{x}_t=\frac{6}{\tau^2}\Delta x_t-\frac{6}{\tau}\dot{x}_t-3\ddot{x}_t \tag{2.21}$$

于是，对应步长 Δt 的加速度增量可以由内插法得到

$$\Delta\ddot{x}_t=\frac{1}{\theta}\bar{\Delta}\ddot{x}_t \tag{2.22}$$

这样，可进一步求得步长为 Δt 时速度和位移的增量，从而得到下一个时间段的初始条件，重复使用上述步骤，可以求出各时段的位移、速度和加速度列阵。

Wilson-θ 法具有使振动周期延长和振幅缩减的效应。这种误差的大小与 $\Delta t/T$ 比值和所选的 θ 值大小有关，$\Delta t/T$ 越大或者 θ 值越大，则周期伸长率和振幅缩减率也就越大。这种周期伸长和振幅缩减效应是由 Wilson-θ 法本身误差累积所导致，可以看作是一种附加到实际阻尼中的"人工阻尼"或"算法阻尼"。大量计算表明，当 $\theta=1.4$，步长与自振周期比值 $\Delta t/T=0.1$ 时，这种附加的"算法阻尼"产生的振幅缩减相当于实际阻尼比 ξ $=0.01$ 时产生的振幅缩减，一般不至于超过实际阻尼的误差范围。但是，当 $\Delta t/T>0.25$ 时，这种"算法阻尼"将使振动迅速衰减。

用 Wilson-θ 法分析多自由度系统的动力响应时，需要适当考虑这种算法阻尼的影响。一方面，为了使动力响应中主要频率成分不受算法阻尼的影响，应该采用足够短的时间步长。另一方面，由于结构离散化过程使得高振型分量常常严重失真，并且在许多情况中，结构的响应主要取决于低振型分量，没有必要精确地对高振型分量积分，因此对于高频成分可以采取较大的振幅缩减。

2.2.4 中心差分与 Newmark 法结合

Wilson-θ 法、Newmark 法无论是对有阻尼体系还是无阻尼体系均只能给出隐式的数值积分格式，因而进行反应计算时必须求解耦联的线性方程组，但是当矩阵 K 阶数很高时求解这一方程组的工作量很大。中心差分法与上述方法比较，缺点是它为一条件稳定方法。然而，由于计算精度控制的要求往往比稳定性要求更高，因而，中心差分法的稳定性条件并不能削弱它的应用价值。在一定的条件下，中心差分法可以给出显式的格式积分，对于自由度数目较多的动力问题人们往往采用中心差分法进行反应分析。对于无阻尼体系或阻尼矩阵为一对角矩阵的情况，中心差分法所给出的格式为显式。但是对于一般非对角线阻尼矩阵，中心差分法所给出的格式为隐式。在这种情况下，工程上一般采用以下两种方法来使中心差分格式显式化：一种是人为地将阻尼矩阵取为对角矩阵；另外一种是采用单边差分来处理阻尼项中的速度值。前者的缺点是不能合理地反应体系的阻尼效应，后者则使计算精度低一阶。

基于此，李小军等[3] 采用中心差分法与 Newmark 法的基本假定相结合的方法给出了求解动力方程的一种显式差分格式。

记反应量在 $t=t_p$ 时刻的值为

$$\{x(t)\}_{t=t_p}=\{x_p\}$$

$$\{\dot{x}(t)\}_{t=t_p}=\{\dot{x}_p\}$$

同样，记 $\{F(t)\}_{t=t_p}=\{F_p\}$。令 $\Delta t=t_{p+1}-t_p$，Δt 为相邻时刻的时间增量。

按照中心差分法，可以得到

$$\{\ddot{x}_p\}=\frac{2}{\Delta t^2}(\{x_{p+1}\}-\{x_p\})-\frac{2}{\Delta t}\{\dot{x}_p\} \tag{2.23}$$

将式 (2.23) 代入 t_p 时刻的平衡方程，可以推导出

$$\{x_{p+1}\}=\frac{1}{2}\Delta t^2[M]^{-1}\{F_p\}+([I]-\frac{1}{2}\Delta t^2[M]^{-1}[K])\{x_p\}+(\Delta t[I]-\frac{1}{2}\Delta t^2[M]^{-1}[C])\{\dot{x}_p\} \tag{2.24}$$

式中 $[I]$——与 $[K]$ 同阶的单位方阵。

为了获得一个完整的积分形式，还应建立计算速度反应的递推式。为此，利用 Newmark 常平均加速度法的基本思想，可知

$$\begin{cases} \dfrac{\{\ddot{x}_{p+1}\} + \{\ddot{x}_p\}}{2} = \dfrac{\{\dot{x}_{p+1}\} - \{\dot{x}_p\}}{\Delta t} \\ \{x_{p+1}\} = \{x_p\} + \Delta t \{\dot{x}_p\} + \dfrac{1}{4} \Delta t^2 (\{\ddot{x}_{p+1}\} + \{\ddot{x}_p\}) \end{cases} \tag{2.25}$$

根据式 (2.25) 可以得到

$$\frac{\{x_{p+1}\} + \{\dot{x}_p\}}{2} = \frac{\{x_{p+1}\} - \{x_p\}}{\Delta t} \tag{2.26}$$

则根据动力学方程可以得到

$$[M](\{\ddot{x}_{p+1}\} + \{\ddot{x}_p\}) + [C](\{\dot{x}_{p+1}\} - \{\dot{x}_p\}) + [K](\{x_{p+1}\} + \{x_p\}) = \{F_{p+1}\} + \{F_p\} \tag{2.27}$$

整理可得

$$\{\dot{x}_{p+1}\} = \frac{1}{2} \Delta t [M]^{-1} (\{F_{p+1}\} + \{F_p\}) + \{\dot{x}_p\} - \left(\frac{1}{2} \Delta t [M]^{-1} [K] + [M]^{-1} [C]\right) \{x_{p+1}\}$$
$$- \left(\frac{1}{2} \Delta t [M]^{-1} [K] - [M]^{-1} [C]\right) \{x_p\} \tag{2.28}$$

式 (2.24) 和式 (2.28) 组成一个求解有限自由度有阻尼体系动力学方程的自起步显式差分数值积分格式。

2.3　地震波数据的处理

2.3.1　地震波的选取

《水电工程水工建筑物抗震设计规范》（NB 35047—2015）中规定[4]，采用时程法进行抗震分析时，应至少选用类似地震地质条件的两条实测地震加速度记录和一条以设计反应谱为目标谱的人工生成模拟地震加速度时程。《建筑抗震设计规范》（GB 50011—2010）中规定[5]，应该按照工程场地以及设计地震分组选取不少于两组实际强震记录与一组人工模拟加速度时程曲线。

根据来源不同，地震波选取主要存在两种方式，一是基于实测地震波，采用工程类比的方法，选取地震地质条件相似的实测地震波；二是基于人工合成波，采用数字合成的方法，得到符合工程场地反应谱特性的人工地震波。地震动的三要素为地震动强度、地震动谱特征和地震动持续时间。因此在选用地震波时程时，应全面考虑地震动三要素，并根据情况加以调整。

1. 实测地震波

虽然世界范围内地震频繁发生，但记录详细且合理有效的地震波时程数据相对较少，且考虑到工程类型、场地条件复杂多变，通常难以找到与实际工程地震质条件相一致的实测地震波。鉴于此，在抗震计算中，可以采用比例缩放的方法来获得满足抗震设计条件的地震波时程。基于实测地震波的比例缩放法的具体步骤如下：

（1）根据工程区域地震地质条件以及工程类别等级，得到地震动基本参数；最大加速度 a_{max}^0、卓越周期 T^0、持续时间 T_d^0，一般参照《水工建筑物抗震设计规范标准》（GB 51247—2018）进行参数选取，见表 2.1、表 2.2。

表 2.1　　　　　　　　　　　　烈度与地面最大水平加速度关系

地震烈度	Ⅶ	Ⅷ	Ⅸ
加速度/g	0.1	0.2	0.4

表 2.2　　　　　　　　　　　　特征周期与场地类别关系

场地类别	Ⅰ	Ⅱ	Ⅲ	Ⅳ
特征周期/s	0.20	0.30	0.40	0.65

（2）根据工程区域的地震（震源、震级、距离）和地质（基岩、场地）条件，选择与其相一致的地震动加速度时程曲线 $a(t)$。此时，地震波的加速度峰值、卓越周期、持续时间等可能与设计地震动基本参数存在差异。

（3）采用比例缩放的方式，选取 a^0/a、T^0/T 两个比例系数分别对地震波时程曲线 $a(t)$ 的横纵坐标进行调整，使其加速度峰值和卓越周期满足要求。

采用比例缩放的方式对实测地震波进行处理，使其既能继承实际地震的某些动力特性，又能满足工程场地设计地震动的基本参数要求，是一种近似、有效而简便的处理方式。但是，该处理方法并不能得到完全满足频谱特性要求的时程，只是基于实测地震波时程曲线的近似处理。

2. 人工合成地震波

由于实测地震波选取存在一定的局限性，故目前多采用人工地震波的合成，使其满足工程区域地震动设计参数的基本要求。自 1947 年提出人工地震波的合成，已发展出多种合成方法[6-7]。现今主要合成方法有随机脉冲法、自然回归法和三角级数法。其中三角级数法是目前普遍采用的方法，该方法使用的是傅里叶变换的全局分析方法。然而，地震波却是非平稳的随机过程，在强度和频率上都具有很强的非平稳特性，这使得基于傅里叶分析的方法不能彰显时域特征的细节部分。但小波变换能够在时域和频域同时表征信号的细节特征，是分析类似地震动等非平稳信号的有力工具。国内外诸多学者都曾尝试利用小波变换合成人工地震波，但是主要研究离散小波变换重构时域上的地震波，效果不尽人意。本书主要介绍三角级数法合成人工地震波。

根据三角级数法，首先依据工程区域地震地质条件确定地震动反应谱、振幅、持续时间等特征量，然后采用数学方法构造一组满足各特征量要求的地震动过程。

（1）根据水工建筑物抗震烈度或设防水准、场地条件以及建筑物类型等确定地震动的峰值加速度 a_h，特征周期 T_g 和设计反应谱最大值的代表值 β_{max}（表 2.3），得到设计水平加速度反应谱 $S_a(t)$。

表 2.3　　　　　　　　　　　　设计反应谱最大值的代表值

建筑物类型	土石坝	重力坝	拱坝	水闸进水塔及其他混凝土建筑
反应谱代表值	1.60	2.00	2.50	2.25

（2）保障拟合精度是人工地震波合成的基本要求，因此，选定 M 个拟合逼近的坐标点 $(T，S_a(t))$，并设置容许误差为 ε，选择三角级数项数为 N。通常情况下，可以选用基本参数：$M=40\sim60$，$N=200\sim1000$。$\varepsilon=5\%\sim10\%$，一般用反应谱值的百分比形式表示，即 $\varepsilon=(0.05\sim0.1)S_{a\max}$。

（3）选择地震动初始函数形式 $a_0(t)$，通常可以取

$$
\begin{cases}
a_0(t)=f(t)\sum_{k=N_1}^{N_2}A_k\mathrm{e}^{i(\omega_k t+\varphi_k)} \\[2mm]
A_k=A(\omega_k)=[4S(\omega_k)\Delta\omega]^{1/2} \\[2mm]
\omega_k=k\cdot\Delta\omega \\[2mm]
S(\omega_k)=\dfrac{\dfrac{2\zeta}{\pi\omega_k}S_a^2(\omega_k)}{-2\ln\left[-\dfrac{\pi}{\omega_k T_d}\ln P\right]} \\[4mm]
N=N_2-N_1 \\[2mm]
\omega_{N1}=\Delta\omega<\dfrac{2\pi}{T_M} \\[2mm]
\omega_{N2}=N_2\Delta\omega>\dfrac{2\pi}{T_1}
\end{cases}
\tag{2.29}
$$

式中　　ω_k、A_k——第 k 个傅里叶分量的频率和振幅；

相角 φ_k——均匀分布在 $0\sim2\pi$ 之间的随机量；

$S(\omega)$、$S_a(\omega_k)$——功率谱和加速度反应谱；

ζ——阻尼比；

T_d——持时；

P——函数值不超过反应谱的概率，通常可取 $P>0.85$。

（4）采用迭代法对傅里叶谱进行修正：$A_0(\omega)=A_k^0$。基于地震动过程初始函数形式 $a_0(t)$，求得反应谱 $S_{a0}(T)$，并与目标反应谱 $S_a(t)$ 进行对比，对振幅进行修正：$A(\omega)=A_k$。由于 $M<N$，故对于反应谱拟合逼近点 T_i，可以采用 T_{i-1}、T_i、T_{i+1} 线性插值的方式修正 ΔT_i 中各三角级数项，从而得到迭代修正后的地震动过程 $a_1(t)$。

（5）重复迭代修正过程，当反应谱 M 个拟合逼近点的计算误差均在允许范围内，即可停止计算。需要注意的是，长周期地震动条件下反应谱值通常很小，可适当增大误差限值。

采用以上方法对一个案例进行人工地震波的合成。某重力坝根据中国地震灾害防御中心的场地地震安全性评价报告，坝址区超越概率 5% 的地震动峰值加速度为 $0.172g$，100年超越概率为 2% 的地震动峰值加速度为 $0.294g$。选取地震峰值加速度为 $0.172g$，根据场地条件选取特征周期 $0.2s$，根据建筑物类型选取设计反应谱最大值代表值 2.0，设置地震动持续时间为 $20s$。根据上述方法步骤，生成加速度反应谱曲线和加速度时程曲线如图 2.3 所示。

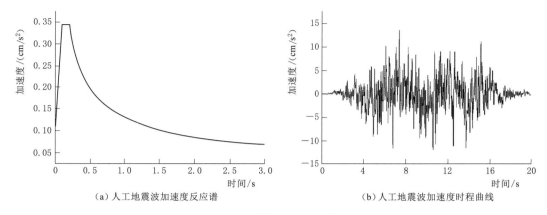

（a）人工地震波加速度反应谱 （b）人工地震波加速度时程曲线

图 2.3 人工地震波加速度反应谱及时程曲线

2.3.2 地震波处理

地下结构动力响应分析选取的地震波荷载通常以加速度时程的形式进行描述，无论是强震监测仪器得到的实测地震波，还是采用数学方法合成的人工地震波都存在一定的误差，会导致数值积分得到的速度和位移时程曲线的最终值不为零，出现零线漂移的现象[8-9]。如果不经处理，作为荷载直接输入会导致模型底部出现残余的速度和位移，对数值分析结果的准确性造成重要影响。因此，无论是实测地震波还是人工合成波，均需要进行基线校正，使加速度时程曲线积分到的速度、位移时程在末端置零，这里介绍最小二乘均值线拟合法基线校正[10]。

对地震波加速度时程曲线进行基线校正处理，需要确定非零基线的数学表达式，一般遵循两个基本原则：一是尽量使得均值线两侧点的纵坐标分布均匀；二是尽量选用低阶多项式。通过对比分析，一般认为采用四次多项式即可达到较好的模拟效果，可以得到位移均值线函数表达式：

$$\tilde{u}(t) = a_0 + a_1 t + a_2 t^2 + a_3 t^3 + a_4 t^4 \tag{2.30}$$

式中 $\tilde{u}(t)$——位移均值线；

a_i——待定系数，由于当 $t=0$ 时，位移均值线初值为 0，所以取常数项 $a_0 = 0$。

分别对位移均值线函数求一阶、二阶导数，可以得到相对应的速度、加速度均值线函数表达式：

$$\begin{cases} \dot{\tilde{u}}(t) = a_1 + 2a_2 t + 3a_3 t^2 + 4a_4 t^3 \\ \ddot{\tilde{u}}(t) = 2a_2 + 6a_3 t + 12a_4 t^2 \end{cases} \tag{2.31}$$

式中 $\dot{\tilde{u}}(t)$、$\ddot{\tilde{u}}(t)$——速度、加速度均值线。

同样地，当 $t=0$ 时，速度均值线值也为 0，所以取 $a_1 = 0$。此加速度公式为加速度非零基线表达式。

令原始的地震波离散点的加速度量值为 $\ddot{u}(t_i)$（$i=1, \cdots, N$，N 为所选取的加速度离散点数量），采用选取的地震波加速度时程曲线减去加速度非零基线，即可从根源上消除基线漂移现象，得到基线校正后的加速度时程：

$$\ddot{u}_{BL}(t) = \ddot{u}(t) - \tilde{\ddot{u}}(t) = \ddot{u}(t) - (2a_2 + 6a_3t + 12a_4t^2) \qquad (2.32)$$

式中　$\ddot{u}_{BL}(t)$——基线校正后的角速度时程。

根据最小二乘法原理，并以加速度时程在 N 个离散点处的均方及速度和最小为计算条件求解待定系数。均方加速度之和应满足

$$M = \min\left\{\sum_{i=1}^{N}[\ddot{u}_{BL}(t)]^2\right\} = \min\left\{\sum_{i=1}^{N}[\ddot{u}(t_i) - (2a_2 + 6a_3t_i + 12a_4t_i^2)]^2\right\} \qquad (2.33)$$

上式即可转化为多元函数 $M(a_2, a_3, a_4)$ 求极值的数学问题，其中待定系数为 a_2、a_3、a_4。根据求极值原理，可令 $M(a_2, a_3, a_4)$ 对待定系数的偏导为 0，即

$$\begin{cases} \dfrac{\partial M}{\partial a_2} = 0 \\[2mm] \dfrac{\partial M}{\partial a_3} = 0 \\[2mm] \dfrac{\partial M}{\partial a_4} = 0 \end{cases} \qquad (2.34)$$

将上式展开，可得

$$\begin{cases} \dfrac{\partial M}{\partial a_2} = -4\sum_{i=1}^{N}[\ddot{u}(t_i) - (2a_2 + 6a_3t_i + 12a_4t_i^2)] = 0 \\[2mm] \dfrac{\partial M}{\partial a_3} = -12\sum_{i=1}^{N}\{[\ddot{u}(t_i) - (2a_2 + 6a_3t_i + 12a_4t_i^2)]t_i\} = 0 \\[2mm] \dfrac{\partial M}{\partial a_2} = -24\sum_{i=1}^{N}\{[\ddot{u}(t_i) - (2a_2 + 6a_3t_i + 12a_4t_i^2)]t_i^2\} = 0 \end{cases} \qquad (2.35)$$

求解上述三元一次方程组，即可得到待定系数 a_2、a_3、a_4，从而可以求得加速度均值线函数表达式，代入式（2.32）即可得到修正后的加速度时程，通过数值积分即可得到修正后的速度、位移时程。

采用上述方法对南京波进行校正，得到的结果如图 2.4 所示。其中，图 2.4（a）为南京波校正前加速度时程曲线，图 2.4（b）为南京波校正后加速度时程曲线。对加速度时程曲线积分得到校正前后的速度时程曲线和位移时程曲线，如图 2.4 中（c）、（d）所示。由图可以看出，加速度时程曲线校正后并没有发生很大的变化，但速度、位移时程曲线的基线漂移情况明显消除。

2.3.3　地震波方向变换

分析地下工程结构在特定地震动作用下的响应过程，可以选取近场强震台监测到的实际地震波，并将其作为结构动力响应的外荷载输入。实测地震波加速程常以地理坐标系（即南北、东西、上下）的方式给出。但在有限元计算中，为了模型建立及结果后处理和分析的方便，多根据建筑物的主要延展方向建立计算坐标系，从而导致表征地震荷载作用方向的地理坐标系和表征有限元数值分析、应力应变分量的计算坐标系不一致，因此需要将基于地理坐标系的实测强震数据转换到计算坐标系中。

强震台监测数据通常包含三个相互垂直方向上的地震波时程，对该数据进行方向变换，可借鉴地震勘探数据处理中波场分离的思路[11]。地震勘探中，当纵波和横波传播到

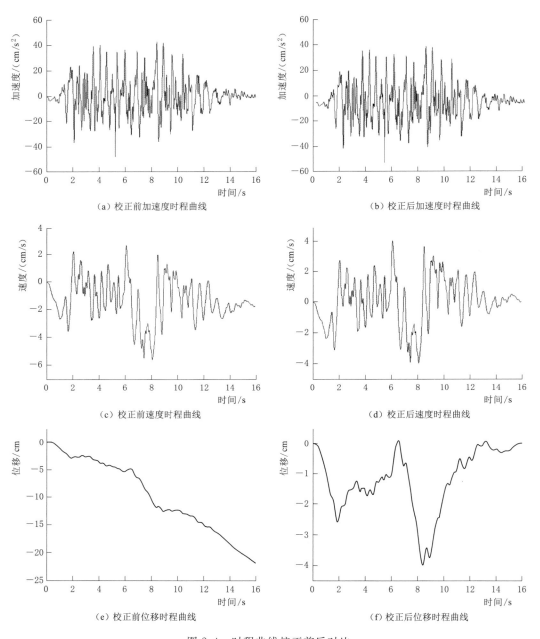

（a）校正前加速度时程曲线　　　　　　　（b）校正后加速度时程曲线

（c）校正前速度时程曲线　　　　　　　（d）校正后速度时程曲线

（e）校正前位移时程曲线　　　　　　　（f）校正后位移时程曲线

图 2.4　时程曲线校正前后对比

地面检波器时，若传播路径与地面不垂直，多分量检波器的水平和垂直分量会分别记录到纵波和横波，此时需要对监测数据进行波场分离，包括纵波和横波的分离，以及水平分量的分离。根据波的传播特性，纵波主要被检波器垂直的 z 分量记录，横波主要被水平的 x、y 分量记录，因此需要从 x、y 分量中分离出 SV 波和 SH 波。

　　图 2.5 为地震勘探中水平分量地震波波场分离示意图，假定地震波水平分量与检波器 x 向接受测线的夹角为 α。可以知道，传到检波器的 SV 波（径向 R 分量）和 SH 波（切

向 T 分量）分别会在接收测线 x、y 方向上投影。根据波场分离，可以采用下式进行转换，得到水平的 SV 波和 SH 波：

$$\begin{pmatrix} U_R \\ U_T \end{pmatrix} = \begin{bmatrix} \cos\alpha & \sin\alpha \\ -\sin\alpha & \cos\alpha \end{bmatrix} \begin{pmatrix} U_x \\ U_y \end{pmatrix} \qquad (2.36)$$

式中 U——检波器检测的信号，可以表征加速度、速度或位移量。

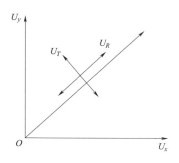

图 2.5 水平分量地震波波场分离示意图

经过以上处理，SV 波可全部转换到 R 分量，SH 波可全部转换到 T 分量，从而实现了水平分量的波场分离。同时也表明，将监测得到的正交位移（或速度加速度）时程进行方向变换，可以得到一组新的正交位移（或速度、加速度）时程，这也为将基于地理坐标系的实测强震数据转换到计算坐标系提供了参考。

强震台的实测加速度时程主要包括南北、东西和上下三个方向，其中"上下"指的是竖直方向，一般与计算坐标系的 z 方向重合。因此，对基于地理坐标系的实测地震波加速度时程进行处理，就是将水平方向的南北、东西分量变换到计算坐标系的 x、y 方向。类似地，可以采用式（2.36）的变换方法，把实测加速度时程变换到计算坐标系。

$$\begin{pmatrix} X(t) \\ Y(t) \end{pmatrix} = \begin{bmatrix} \cos\beta & -\sin\beta \\ \sin\beta & \cos\beta \end{bmatrix} \begin{pmatrix} N(t) \\ E(t) \end{pmatrix} \qquad (2.37)$$

式中 $X(t)$、$Y(t)$——经过方向变换后计算坐标系 x、y 向地震波加速度时程；

$N(t)$、$E(t)$——NS（南北）、EW（东西）向实测地震波加速度时程；

β——x 向逆时针旋转到 NS（南北）向的角度。

按照上述方法对 1976 年 11 月天津波加速度时程进行方向转换，图 2.6 为实测的南北向和东西向的天津波。假定在水平面上水平坐标系与地理坐标系夹角为 $30°$，变换后的 x 向、y 向加速度时程曲线如图 2.7 所示。

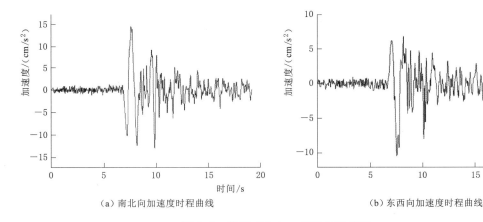

（a）南北向加速度时程曲线 　　　　　　（b）东西向加速度时程曲线

图 2.6 实测南北向、东西向天津波

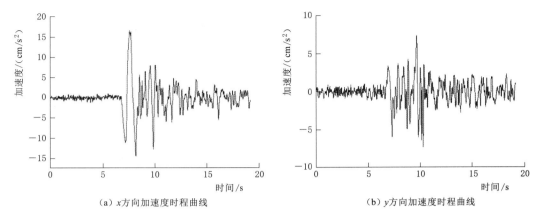

（a）x 方向加速度时程曲线　　　　　　　　（b）y 方向加速度时程曲线

图 2.7　转换后 x 向、y 向天津波

2.4　小　　结

本章主要介绍坝址地震动输入机制，比较中心差分法、Newmark 法、Wilson $-\theta$ 法、中心差分与 Newmark 结合法等时域积分法的适用性以及地震波数据处理方法，得出以下结论：

（1）一个好的算法要兼具收敛性、满足工程要求的精度、良好的稳定性和较高的计算效率。中心差分与 Newmark 结合法虽然只有一阶精度，但其简单方便，计算稳定性好，计算效率高，能够满足工程应用的精度，可作为本书动力分析的时域逐步积分方法。

（2）合理选取输入的激励地震波记录保证时域计算结果可靠性的重要前提，本书基于三角级数法合成符合工程场地反应谱特性的人工地震波，并完成基线校正、方向转换等地震波数据处理，符合实际工程分析精度要求。

本 章 参 考 文 献

［1］　R. 克拉夫，J. 彭津. 结构动力学［M］. 北京：高等教育出版社，2006.

［2］　李初晔，王增新. 结构动力学方程的显式与隐式数值计算［J］. 航空计算技术，2010，40（1）：58－62，66.

［3］　李小军，廖振鹏，杜修力. 有阻尼体系动力问题的一种显式差分解法［J］. 地震工程与工程振动，1992，（4）：74－80.

［4］　水电工程水工建筑物抗震设计规范：NB 35047—2015［S］. 北京：中国电力出版社，2015.

［5］　建筑抗震设计规范：GB 50011—2010［S］. 北京：中国建筑工业出版社，2010.

［6］　杜修力，陈厚群. 地震动随机模拟及其参数确定方法［J］. 地震工程与工程振动，1994，14（4）：1－5.

［7］　胡聿贤，何讯. 考虑相位谱的人造地震动反应谱拟合［M］. 北京：地震出版社，1989.

［8］　贺向丽. 高混凝土坝抗震分析中远域能量逸散时域模拟方法研究［D］. 南京：河海大学，2006.

［9］ 邓建. 复杂深埋水工隧洞地震响应与减震措施研究［D］. 武汉：武汉大学，2017.

［10］ J. Yang，J. B. Li，G. Lin. A simple approach to integration of acceleration data for dynamic soil - structure interaction analysis［J］. Soil Dynamics and Earthquake Engineering，2006，26（8）：725 - 734.

［11］ 牟永光. 地震数据处理方法［M］. 北京：石油工业出版社，2007.

第3章　二维黏弹性人工边界及地震动输入

3.1　引　　言

随着各种水工建筑物及构筑物的不断兴建，结构对于抗震的要求越来越高，而可靠的数值计算模型、确定的地震动输入模型以及合适的地震波激励方式是有效进行时域动力相互作用分析必须具备的条件，其中地震动输入模型需要利用地基-结构动力相互作用理论，合理考虑无限地基辐射阻尼效应，明确地震动作用特点和施加方法[1-2]。

对于重力坝地震反应而言，由于地基相对于坝体是无限域，对坝体的地震反应分析实际就是对无限地基和坝体组成的开放体系中地震波传播过程的模拟，其中既包含了坝体由入射波产生的振动，又包含了坝体作为波源对无限地基的散射。散射波在地基的传播过程中，由于几何扩散和阻尼耗散作用，能量逐渐逸散。在有限元计算中，不可能取无限地基模拟散射波的耗散过程，只能取有限范围的地基[3-4]。理论上，只要地基范围 $L \geqslant CT/2$，其中 C 为地基中的波速，T 为地震波持续时间，就能计入散射波的耗散效应。在静力分析中，远离坝体区域的地基范围可以取尺寸较大的网格，但是动力分析中，由于网格尺寸受最小波长的限制，不能取过大尺寸的网格，因此如果按 $L \geqslant CT/2$ 取地基范围，计算规模势必增加，难以应用于工程问题。如果取较小的范围，那么原本应该向地基远域范围传播的散射波传播到地基边界处会反射回坝体，人为夸大坝体地震响应。向地基远域范围辐射的能量对坝体反应相当于阻尼效应，因此称为"地基辐射阻尼"。为了能够模拟"地基辐射阻尼"效应，在有限范围地基的前提下，研究人员提出了人工边界的概念来模拟无限地基对近场波动的影响[5-6]。

在人工边界研究上，全局人工边界基于频域建立，在空间域内是耦联的，计算烦琐且计算量大，并且难以考虑地基的非线性。因此，提出了时空解耦应用于时域计算的局部人工边界。局部人工边界包括位移型人工边界和应力型人工边界[7]。透射边界是一种位移型人工边界，有二阶精度，但可能出现数值振荡失稳现象，通常需要多次反复试算。黏性边界和黏弹性边界属于应力型人工边界。应力型人工边界只在外边界节点施加外力和弹簧阻尼体系，对边界节点和内部节点采用统一的格式求解，因此不存在由于人工边界引起的稳定性问题。

在结构地基体系动力反应中，能够兼顾计算精度和计算效率的方法易于被工程接受，黏弹性人工边界虽然只有一阶精度，但其算法有良好的稳定性，物理概念简单明确，易于有限元编程实现的特点使其具有较强的吸引力。本章采用考虑无质量地基和考虑辐射阻尼的黏弹性边界模型，以非线性有限元程序 ABAQUS 为平台，将黏弹性边界有效施加到地基边界上，并将离散的地震荷载转化为等效节点荷载，通过数值算例验证黏弹性人工边界的吸能效果与地震动输入方式在有限元的实现准确性，并将程序应用到某重力坝—地基—库水地震动分析中，为工程设计提供科学决策依据。

3.2 二维黏弹性人工边界的实现

3.2.1 黏弹性边界理论

有限元方法模拟无限域的波动问题中，应尽量减少底边界和侧边界的地震波反射。Lysmer 和 Kuhlemeyer[8] 提出黏性边界的方法来吸收反射到边界上的地震波。对于黏性边界可能引起相对较大的误差和低频失稳问题，研究人员提出黏弹性边界。黏弹性动力人工边界实质上是在人工截断边界上设置连续分布的并联弹簧阻尼系统，弹簧和阻尼器的力学参数由基岩材料所决定，如图 3.1 所示。

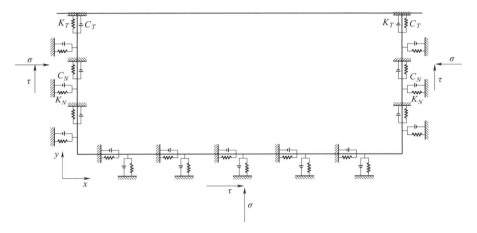

图 3.1　黏弹性人工边界模型

3.2.2 黏弹性人工边界的施加

在 ABAQUS 中，黏弹性边界采用软件自有的弹簧单元 spring 和阻尼单元 dashpot 来模拟，黏弹性边界及节点面积示意图如图 3.2 所示，其弹簧的刚度和阻尼参数按式（3.1）计算：

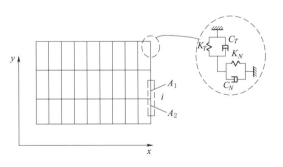

图 3.2　黏弹性边界及节点面积示意图

$$\begin{cases} K_{BN} = \alpha_N \dfrac{G}{R}, \quad C_{BN} = \rho C_P \\ K_{BT} = \alpha_T \dfrac{G}{R}, \quad C_{BT} = \rho C_S \end{cases} \quad (3.1)$$

式中　K_{BN}、K_{BT}——弹簧的法向和切向刚度系数；

　　　C_{BN}、C_{BT}——法向和切向阻尼系数；

　　　α_N、α_T——黏弹性边界的修正系数，可参考刘晶波等[9]的研究，取 $\alpha_N = 1$，$\alpha_T = 0.5$；

R——散射波源到人工边界的距离，一般取几何中心到每个边界距离的平均值；

G、ρ——介质的剪切模量和密度；

C_p、C_s——介质的压缩波速和剪切波速，可表示为式（3.2）。

$$\begin{cases} G = \dfrac{E}{2(1+\nu)} \\ C_S = \sqrt{\dfrac{G}{\rho}} = \sqrt{\dfrac{E}{2\rho(1+\nu)}} \\ C_P = \sqrt{\dfrac{\lambda + 2G}{\rho}} = \sqrt{\dfrac{E(1-\nu)}{2\rho(1+\nu)(1-2\nu)}} \end{cases} \tag{3.2}$$

式中　E、ν——介质的弹性模量和泊松比。

3.3　二维黏弹性人工边界下地震动输入

3.3.1　基于黏弹性边界的地震动输入方法

采用显式有限元结合黏弹性边界的时域整体方法，人工边界面节点 i 方向的集中质量有限元总波长运动方程为

$$m_l \ddot{u}_{li} + \sum_{k=1}^{n_e} \sum_{j=1}^{n} c_{likj} \dot{u}_{kj} + \sum_{k=1}^{n_e} \sum_{j=1}^{n} k_{likj} u_{kj} = A_l \sigma_{li} \tag{3.3}$$

式中　m_l——节点 l 的集中质量；

k_{likj}、c_{likj}——节点 k 方向 j 对于节点 l 方向 i 的刚度和阻尼系数；

u_{kj}、$\dot{u}_{kj}$——k 方向 j 的位移和速度；

$\ddot{u}_{li}$——节点 l 方向 i 的加速度；

σ_{li}——节点 l 方向 i 处截去的无限元场对有限元场的作用应力；

A_l——人工边界节点 l 的影响面积。

对于二维问题，$n=2$，即下标 i、$j = 1$、2，分别响应于直角坐标 x、y。

将人工边界处的总波场分解为自由场（上标 f 表示）和散射场（上标 s 表示），如果总波场分解为内行场和外行场，则上标 f 表示内行场、上标 s 表示外行场。人工边界节点 l 方向 i 的总位移和总作用应力分别表示为

$$\begin{cases} u_{li} = u_{li}^f + u_{li}^s \\ \sigma_{li} = \sigma_{li}^f + \sigma_{li}^s \end{cases} \tag{3.4}$$

外行场采用黏弹性人工边界模拟，人工边界节点 l 方向 i 的应力-运动关系为

$$\sigma_{li}^s = -K_{li} u_{li}^s - C_{li} \dot{u}_{li}^s \tag{3.5}$$

式中　K_{li}、C_{li}——节点 l 方向 i 的黏弹性人工边界参数。

将式（3.5）的外行场位移及其时间导数导入式（3.3），考虑无限域辐射阻尼和地震波输入条件下人工边界节点的集中质量有限元运动方程为

$$m_l \ddot{u}_{li} + \sum_{k=1}^{n_e} \sum_{j=1}^{n} (c_{likj} + \delta_{lk}\delta_{ij} A_l c_{li}) \dot{u}_{kj} + \sum_{k=1}^{n_e} \sum_{j=1}^{n} (k_{likj} + \delta_{lk}\delta_{ij} A_l k_{li}) u_{kj} = A_l (k_{li} u_{li}^f + c_{li} \dot{u}_{li}^f + \sigma_{li}^f)$$

$$\tag{3.6}$$

式中，$\delta_{ij}=1$（$i=j$），$\delta_{ij}=0$（$i\neq j$）。

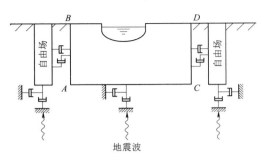

图 3.3　地基的地震自由场输入模型

3.3.2　波动输入法及等效节点力计算

合理的外源地震波输入方式是确保正确进行场地地震反应和结构——地基动力相互作用分析的前提。不同类型的人工边界所采取的地震动输入方式是不同的，现针对黏弹性边界根据杜修力波场分离理论，对二维情况下边界底部垂直入射 SV 波或 P 波等效节点力计算公式进行推导，地基的地震自由场输入模型如图 3.3 所示。

入射地震波作用下边界上任意节点 b 上的力矢量为

$$F_b=(K_b u_b^{ff}+C_b \dot{u}_b^{ff}+\sigma_b^{ff} n)A_b \tag{3.7}$$

式中　$K_b u_b^{ff}$——为了克服位移引起弹簧单元所产生的附加应力；

$C_b \dot{u}_b^{ff}$——为了克服速度引起阻尼器产生的附加应力；

$\sigma_b^{ff} n$——自由场地地震动在边界产生的应力张量；

A_b——边界节点控制面积；

n——边界外法线余弦向量；

u_b——边界节点处入射波位移向量，二维情况下 $u_b^{ff}=[u\ v]^{\mathrm{T}}$；

$\dot{u}_b$——入射波速度向量，二维情况下 $\dot{u}_b^{ff}=[\dot{u}\ \dot{v}]^{\mathrm{T}}$；

K_b、C_b——黏弹性边界上弹簧刚度系数和阻尼系数。

当边界面外法线方向与 Y 轴平行时，

$$K_b=\begin{bmatrix}K_{BT} & \\ & K_{BN}\end{bmatrix},\ C_b=\begin{bmatrix}C_{BT} & \\ & C_{BN}\end{bmatrix} \tag{3.8}$$

当边界面外法线方向与 X 轴平行时，

$$K_b=\begin{bmatrix}K_{BN} & \\ & K_{BT}\end{bmatrix},\ C_b=\begin{bmatrix}C_{BN} & \\ & C_{BT}\end{bmatrix} \tag{3.9}$$

由弹性力学几何方程，自由场应变为

$$\varepsilon_x=\frac{\partial u}{\partial x}=0,\ \varepsilon_y=\frac{\partial v}{\partial y},\ \varepsilon_{xy}=\frac{\partial v}{\partial x}+\frac{\partial u}{\partial y} \tag{3.10}$$

由弹性力学物理方程 $\{\sigma\}=[D]\{\varepsilon\}$ 得

$$\begin{Bmatrix}\sigma_x\\\sigma_y\\\sigma_{xy}\end{Bmatrix}=\begin{bmatrix}\lambda+2G & \lambda & 0\\\lambda & \lambda+2G & 0\\0 & 0 & G\end{bmatrix}\begin{Bmatrix}0\\\varepsilon_y\\\varepsilon_{xy}\end{Bmatrix}=\begin{Bmatrix}\lambda\varepsilon_y\\(\lambda+2G)\varepsilon_y\\\varepsilon_{xy}\end{Bmatrix}\begin{Bmatrix}\lambda\varepsilon_y\\(\lambda+2G)\dfrac{\partial v}{\partial y}\\G\dfrac{\partial u}{\partial y}\end{Bmatrix} \tag{3.11}$$

自由场地应力张量为

$$\sigma_b^{ff} = \begin{bmatrix} \lambda\,\dfrac{\partial v}{\partial y} & G\,\dfrac{\partial u}{\partial y} \\[3mm] G\,\dfrac{\partial u}{\partial y} & (\lambda + 2G)\,\dfrac{\partial v}{\partial y} \end{bmatrix} \tag{3.12}$$

$$\lambda = \frac{E\nu}{(1+\nu)(1-2\nu)}$$

$$G = \frac{E}{2(1+\nu)}$$

式中　λ——第一拉梅常数；

$\quad\ G$——介质剪切模量；

$\quad\ \rho$——介质密度。

1. SV 波自模型底边界垂直输入

入射波位移向量和速度向量分别为 $u_b^{ff} = [u(t)\,0]^{\mathrm{T}}$，$\dot{u}_b^{ff} = [\dot{u}(t)\,0]^{\mathrm{T}}$，自由场应力张量为

$$\sigma_b^{ff} = \begin{bmatrix} 0 & \rho C_s^2\,\dfrac{\partial u}{\partial y} \\[3mm] \rho C_s^2\,\dfrac{\partial u}{\partial y} & 0 \end{bmatrix} \tag{3.13}$$

由一维波动理论可知

$$\frac{\partial u}{\partial y} = -\frac{1}{c}\frac{\partial u}{\partial t} \tag{3.14}$$

对于底边界，入射波没有时间延迟，即

$$u(t) = u_0(t), \quad \dot{u}(t) = \dot{u}_0(t), \quad \frac{\partial u}{\partial y} = -\frac{1}{c}\dot{u}_0(t) \tag{3.15}$$

对于两侧边界，考虑入射波和反射波的时间延迟，即

$$\begin{cases} u(t) = u_0\left(t - \dfrac{h}{C_s}\right) + u_0\left(t - \dfrac{2H-h}{C_s}\right) \\[3mm] \dot{u}(t) = \dot{u}_0\left(t - \dfrac{h}{C_s}\right) + \dot{u}_0\left(t - \dfrac{2H-h}{C_s}\right) \\[3mm] \dfrac{\partial u}{\partial y} = -\dfrac{1}{C_s}\left[\dot{u}_0\left(t - \dfrac{h}{C_s}\right) - \dot{u}_0\left(t - \dfrac{2H-h}{C_s}\right)\right] \end{cases} \tag{3.16}$$

式中　　　　　　h——节点 b 到底边界的距离；

$\qquad\qquad\quad H$——自由地表到底边的距离；

h/C_s、$(2H-h)/C_s$——节点 b 入射 SV 波和地表反射 SV 波的时间延迟。

联立式（3.7）和式（3.11）可得二维黏弹性模型中 SV 波自模型底边界垂直输入三个边的边界等效节点荷载。

（1）底边边界，$n = [0\ -1]^{\mathrm{T}}$，得底边节点的等效节点荷载为

$$\{F_b^{-y}\}=\begin{Bmatrix}F_{bx}^{-y}\\F_{by}^{-y}\end{Bmatrix}=A_b\left\{\begin{bmatrix}K_{BT}&0\\0&K_{BN}\end{bmatrix}\begin{Bmatrix}u(t)\\0\end{Bmatrix}+\begin{bmatrix}C_{BT}&0\\0&C_{BN}\end{bmatrix}\begin{Bmatrix}\dot{u}(t)\\0\end{Bmatrix}+\begin{bmatrix}0&\rho C_S^2\dfrac{\partial u}{\partial y}\\\rho C_S^2\dfrac{\partial u}{\partial y}&0\end{bmatrix}\begin{Bmatrix}0\\-1\end{Bmatrix}\right\}$$

即

$$\begin{cases}F_{bx}^{-y}=A_b[K_{BT}u_0(t)+C_{BT}\dot{u}_0(t)+\rho C_S\dot{u}_0(t)]\\F_{by}^{-y}=0\end{cases}\tag{3.17}$$

（2）左侧边界，$n=[-1\ 0]^{\mathrm{T}}$，得左侧边界节点的等效节点荷载为

$$\{F_b^{-x}\}=\begin{Bmatrix}F_{bx}^{-x}\\F_{by}^{-x}\end{Bmatrix}=A_b\left\{\begin{bmatrix}K_{BN}&0\\0&K_{BT}\end{bmatrix}\begin{Bmatrix}u(t)\\0\end{Bmatrix}+\begin{bmatrix}C_{BN}&0\\0&C_{BT}\end{bmatrix}\begin{Bmatrix}\dot{u}(t)\\0\end{Bmatrix}+\begin{bmatrix}0&\rho C_S^2\dfrac{\partial u}{\partial y}\\\rho C_S^2\dfrac{\partial u}{\partial y}&0\end{bmatrix}\begin{Bmatrix}-1\\0\end{Bmatrix}\right\}$$

即

$$\begin{cases}F_{bx}^{-x}=A_b\left\{K_{BT}\left[u_0\left(t-\dfrac{h}{C_S}\right)+u_0\left(t-\dfrac{2H-h}{C_S}\right)\right]+C_{BT}\left[\dot{u}_0\left(t-\dfrac{h}{C_S}\right)+\dot{u}_0\left(t-\dfrac{2H-h}{C_S}\right)\right]\right\}\\F_{by}^{-x}=A_b\rho C_S\left[\dot{u}_0\left(t-\dfrac{h}{C_S}\right)-\dot{u}_0\left(t-\dfrac{2H-h}{C_S}\right)\right]\end{cases}$$

$$\tag{3.18}$$

（3）右侧边界，$n=[1\ 0]^{\mathrm{T}}$，得右侧边界节点的等效节点荷载为

$$\{F_b^{-y}\}=\begin{Bmatrix}F_{bx}^{-x}\\F_{by}^{-x}\end{Bmatrix}=A_b\left\{\begin{bmatrix}K_{BN}&0\\0&K_{BT}\end{bmatrix}\begin{Bmatrix}u(t)\\0\end{Bmatrix}+\begin{bmatrix}C_{BN}&0\\0&C_{BT}\end{bmatrix}\begin{Bmatrix}\dot{u}(t)\\0\end{Bmatrix}+\begin{bmatrix}0&\rho C_S^2\dfrac{\partial u}{\partial y}\\\rho C_S^2\dfrac{\partial u}{\partial y}&0\end{bmatrix}\begin{Bmatrix}1\\0\end{Bmatrix}\right\}$$

$$\begin{cases}F_{bx}^{x}=A_b\left\{K_{BT}\left[u_0\left(t-\dfrac{h}{C_S}\right)+u_0\left(t-\dfrac{2H-h}{C_S}\right)\right]+C_{BT}\left[\dot{u}_0\left(t-\dfrac{h}{C_S}\right)+\dot{u}_0\left(t-\dfrac{2H-h}{C_S}\right)\right]\right\}\\F_{by}^{x}=-A_b\rho C_S\left[\dot{u}_0\left(t-\dfrac{h}{C_S}\right)-\dot{u}_0\left(t-\dfrac{2H-h}{C_S}\right)\right]\end{cases}$$

$$\tag{3.19}$$

式中　地震波等效节点力的上标——节点所在边界的外法线方向，与坐标轴方向一致为正，相反为负；

地震波等效节点力的下标——节点编号和等效节点力方向。

2. P波自模型底边界垂直输入

入射波位移向量和速度向量分别为 $u_b^{ff}=[0\ v(t)]^{\mathrm{T}}$，$\dot{u}_b^{ff}=[0\ \dot{v}(t)]^{\mathrm{T}}$，自由场应力张量为 $\sigma_b^{ff}=\begin{bmatrix}\lambda\dfrac{\partial v}{\partial y}&0\\0&\rho C_P^2\dfrac{\partial v}{\partial y}\end{bmatrix}$，同理可得二维黏弹性模型中P波自模型底边界垂直输入三个边的边界等效节点荷载。

（1）底边边界，$n=[0\ -1]^{\mathrm{T}}$，得

$$\begin{cases} F_{bx}^{-y}=0 \\ F_{by}^{-y}=A_b\big[K_{BT}u_0(t)+C_{BT}\dot{u}_0(t)+\rho C_P\dot{u}_0(t)\big] \end{cases} \tag{3.20}$$

（2）左侧边界，$n=[-1\ 0]^T$，得

$$\begin{cases} F_{bx}^{-x}=A_b\dfrac{\lambda}{C_P}\left[\dot{v}_0\left(t-\dfrac{h}{C_P}\right)-\dot{v}_0\left(t-\dfrac{2H-h}{C_P}\right)\right] \\ F_{by}^{-x}=A_b\left\{K_{BT}\left[v_0\left(t-\dfrac{h}{C_P}\right)+v_0\left(t-\dfrac{2H-h}{C_P}\right)\right]+C_{BT}\left[\dot{v}_0\left(t-\dfrac{h}{C_P}\right)+\dot{v}_0\left(t-\dfrac{2H-h}{C_P}\right)\right]\right\} \end{cases} \tag{3.21}$$

（3）右侧边界，$n=[1\ 0]^T$，得

$$\begin{cases} F_{bx}^{-x}=-A_b\dfrac{\lambda}{C_P}\left[\dot{v}_0\left(t-\dfrac{h}{C_P}\right)-\dot{v}_0\left(t-\dfrac{2H-h}{C_P}\right)\right] \\ F_{by}^{-x}=A_b\left\{K_{BT}\left[v_0\left(t-\dfrac{h}{C_P}\right)+v_0\left(t-\dfrac{2H-h}{C_P}\right)\right]+C_{BT}\left[\dot{v}_0\left(t-\dfrac{h}{C_P}\right)+\dot{v}_0\left(t-\dfrac{2H-h}{C_P}\right)\right]\right\} \end{cases} \tag{3.22}$$

3.4 算 例 验 证

3.4.1 黏弹性边界吸能效果验证

本算例对比研究固定边界、黏性边界、黏弹性边界、远置边界几种边界条件对计算结果的影响，验证黏弹性边界的吸能效果。在二维无限弹性半空间截取长 4m、高 2m 的有限区域作为计算区域，并在模型顶部中点设置了一个监测点 A，计算模型及特征点位置如图 3.4 所示。

模型材料弹性模量 $E=2.5$，密度 $\rho=1$，泊松比 $\nu=0.25$。波源作用于弹性半空间表面，动态荷载作用方向为 $-Y$，荷载表达式为

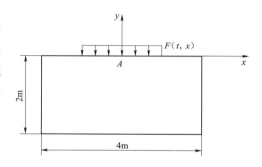

图 3.4 模型及特征点位置图

$$\begin{cases} F(t,x)=T(t)S(x) \\ T(t)=\begin{cases} t & 0\leqslant t\leqslant 1 \\ 2-t & 1<t\leqslant 2 \\ 0 & t>2 \end{cases} \\ S(x)=\begin{cases} 1 & |x|\leqslant 1 \\ 0 & 0 \end{cases} \end{cases} \tag{3.23}$$

经计算 P 波波速为 $C_P=1.732\text{m/s}$，S 波波速为 $C_S=1\text{m/s}$，则

$$\frac{C_P T}{2}=\frac{1.732\times16}{2}=13.856(\text{m})$$

在计算时间 16s 内，取 $L=14\text{m}$ 能够满足 $L\geqslant\dfrac{C_P T}{2}$ 远置边界要求，计算区域不受辐射阻尼影响，因此，在 A 点左右侧及下侧取 14m 计算区域，将远端设置固定边界作为远置边界的计算方案，远置边界模型图如图 3.5 所示，固定边界、黏弹性边界、黏性边界和远

置边界的 A 点 y 方向位移计算结果如图 3.6 所示。

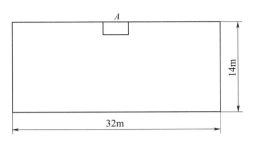

图 3.5　远置边界模型图

计算结果及分析：理论上可以将远置边界计算结果作为精确解，其他方案的计算结果与远置边界计算结果对比，结果越接近，说明人工边界效应越好。图 3.6 为各种不同边界条件下 A 点竖向位移时程，由于固定边界在边界处反射散射波，能量无法辐射到计算区域以外，在 2s 后，动力荷载为 0，振动依然不衰减，夸大了动力反应，位移时程严重失真。黏性边界和黏弹性人工边界在人工边界处有效吸收了散射波，能量相应地被耗散掉。因此两种边界的计算结果与远置边界计算结果相接近，但是随着响应时间的增加，黏性人工边界响应结果不能回到平衡位置，且频率越小，黏弹性人工边界的漂移现象越明显，因此黏弹性边界具有一定的无限地基恢复能力，计算结果更接近远置边界计算结果。

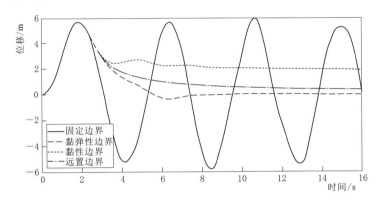

图 3.6　A 点 y 位移时程图

3.4.2　地震动输入验证

为验证建立的压缩波 P 波和剪切波 S 波二维输入方法，模拟均匀半空间内 P 波和 SV 波传播过程，建立二维有限元模型，截取 $762\text{m} \times 381\text{m}$ 的矩形有限区域进行计算，采用满足有波动有限元模拟精度要求的边长 19.05m 的四边形实体单元进行有限元离散，有限元模型如图 3.7 所示。介质的材料密度为 2.7kg/m^3，弹性模量为 13.23MPa，泊松比为 0.25，选择点 A、B、C 作为监测点，入射平面位移波如图 3.8 所示，其表达式为

$$u(t) = \begin{cases} \sin(4\pi t) - 0.5\sin(8\pi t) & 0 \leqslant t \leqslant 0.5 \\ 0 & t > 0.5 \end{cases}$$

P 波底部、中部、顶部 y 方向位移以及 SV 底部、中部、顶部 x 方向位移如图 3.9、图 3.10 所示。从图中可以看出，无论是在 P 波还是 S 波作用下，同一水平位置观测点的位移曲线规律基本相同，说明波的传播时均匀的；顶部位移最大值接近入射波幅值的 2 倍，

49

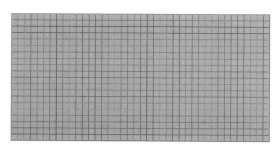

图 3.7 　计算模型

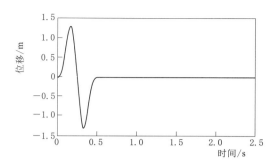

图 3.8 　位移波

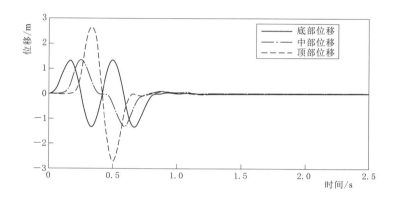

图 3.9 　P 波底部、中部、顶部 y 方向位移

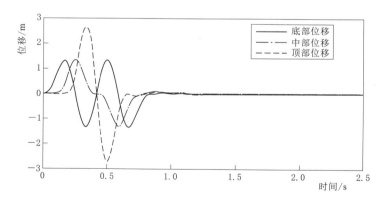

图 3.10 　SV 底部、中部、顶部 x 方向位移

说明是由入射波与反射波共同引起的位移时程；模型中部观测点和模型底部观测点位移前半段代表入射波引起的位移时程，后半段代表反射波引起的位移时程，且黏弹性人工边界有效吸收到达底部人工边界的反射波。因此可以说明黏弹性边界单元及波动输入程序是正确的。

3.5　工　程　实　例

3.5.1　模型算例

以柯伊纳重力坝的一个典型挡水坝段为对象进行研究，断面如图 3.11（a）所示，坝体-地基有限元模型如图 3.11（b）所示。大坝高度 103.0m，坝顶宽度 14.2m，坝底宽 70.2m，坝体混凝土和岩石力学参数见表 3.1，地基范围上下游以及竖向各取 200m。以黏弹性人工边界考虑地基辐射阻尼的影响，在底部输入竖向和剪切位移波，图 3.12 为底中心点的竖向和水平向位移时程曲线。

表 3.1　　　　　　　　　　　　坝体混凝土和岩体力学参数

材料	弹性模量/Pa	泊松比	质量密度/(kg/m³)
坝体混凝土	$3.1e^{10}$	0.15	2643
地基	$2.0e^{10}$	0.25	2700

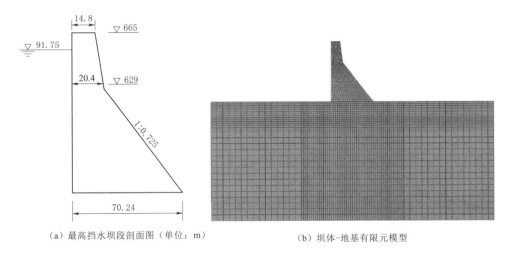

（a）最高挡水坝段剖面图（单位：m）　　　　　　（b）坝体-地基有限元模型

图 3.11　坝体-地基有限元模型

由图 3.14 可以看出，坝底的响应幅值约为入射波的两倍，坝体和地基相互作用产生后续波动，散射波波不断被边界吸收使波动逐渐变小为零。因此可以说明黏弹性边界单元及波动输入程序对重力坝工程实例是正确的。

针对两种边界模型方案进行计算分析：一是传统的固定边界，地基采用无质量地基模型，地震荷载按惯性力方式施加到节点上；二是黏弹性边界，考虑地基质量，地震荷载按底边和侧边界等效节点荷载的方式实现波动输入。库水动水压力采用 Westergaard 附加质量方法模拟［式（3.22）］。将地震动水压力等效为与单位地震加速度对应的坝面径向附加质量，并做出假设：挡水面坝面为刚性，水深为固定值且库水向上游无限延伸，库水是不可压缩流体。

$$m_n = \frac{7}{8} A_n \rho \sqrt{Hh}$$

（3.24）

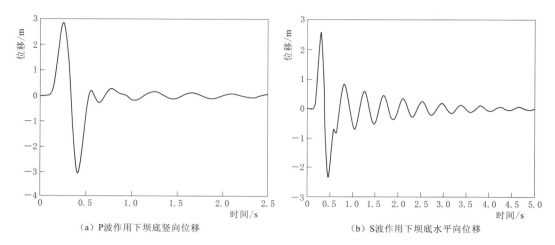

（a）P波作用下坝底竖向位移　　　　　　　（b）S波作用下坝底水平向位移

图 3.12　底中心点的竖向和水平向位移时程曲线

式中　m_n——节点 n 的附加质量；

A_n——节点 n 的影响面积；

ρ——库水附加质量；

H——库水深度；

h——节点 n 高程。

以 El - Centrol 地震实测为例，输入顺河向和竖向地震波加速度时程，计算总时间为 10s，时间步长为 0.01s，其对应的速度和位移时程通过对加速度时程进行分时段累加求得，如图 3.13、图 3.14 所示。由前面算例可知，底部的入射波会在自由表面放大接近 1 倍，因此在黏弹性边界下实际输入的地震波时程为图 3.13 的 1/2。提取图 3.11 所示的坝体关键部位 A、B、D 点的动应力、动位移，如图 3.15～图 3.17 所示。

计算结果及分析：与传统的固定边界无质量地基相比，考虑了黏弹性人工边界后，坝体的动力响应峰值减小 20%～40%，与目前混凝土坝抗震分析结论一致。因此，传统的无质量地基模型在一定程度上夸大了结构的动力响应，其计算成果偏于保守，地基辐射阻尼对坝体动力响应有重要的影响，在进行动力响应分析中很有必要考虑无限域地基的辐射阻尼影响。

3.5.2　地基模量对高重力坝地基地震能量逸散影响研究

为探讨地基弹模对重力坝地基地震能量逸散的影响，分别采用无质量地基模型和黏弹性人工边界模型研究地基与坝体混凝土弹模之间不同比例关系下坝体反应。地基模量与混凝土模量 E_R/E_C 分别取 0.25、0.5、1，地基模量即为 7.75GPa、15.5GPa、31GPa，计算工况如下：

工况 1：静荷载＋无质量地基＋地基 7.75GPa（$E_R/E_C=0.25$）；

工况 2：静荷载＋黏弹性人工边界＋地基 7.75GPa（$E_R/E_C=0.25$）；

工况 3：静荷载＋无质量地基＋地基 15.5GPa（$E_R/E_C=0.5$）；

工况 4：静荷载＋黏弹性人工边界＋地基 15.5GPa（$E_R/E_C=0.5$）；

工况 5：静荷载＋无质量地基＋地基 31GPa（$E_R/E_C=1$）；

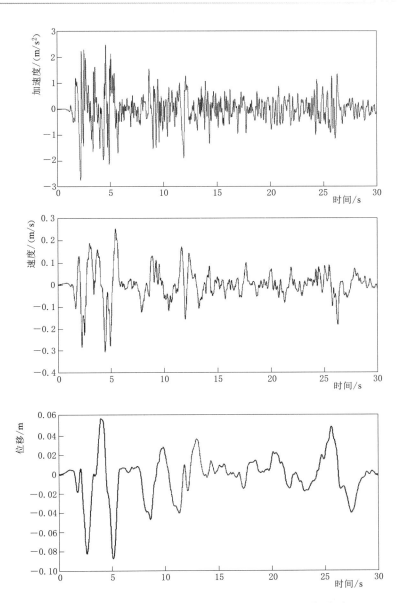

图 3.13 El-Centrol 地震波顺河向加速度、速度、位移时程

工况 6：静荷载＋黏弹性人工边界＋地基 31GPa（$E_R/E_C=1$）。

表 3.2 为无质量地基计算方案、黏弹性人工边界计算方案不同 E_R/E_C 条件下的关键点数值对比。表 3.3 为黏弹性人工边界相对无质量地基计算方案不同 E_R/E_C 条件下的降幅值。从以下计算结果对比分析可以得出：

（1）从表 3.2 和表 3.3 可以看出，随着 E_R/E_C 增大，黏弹性人工边界计算方案坝体关键点应力逐渐增大，涨幅为 29.56%～79.31%；随着 E_R/E_C 增大，黏弹性人工边界计算方案坝体关键点应力逐渐增大，涨幅为 29.56%～79.31%。

（2）从表 3.4 可以看出，$E_R/E_C=0.25$，辐射阻尼使坝体关键点应力降幅为

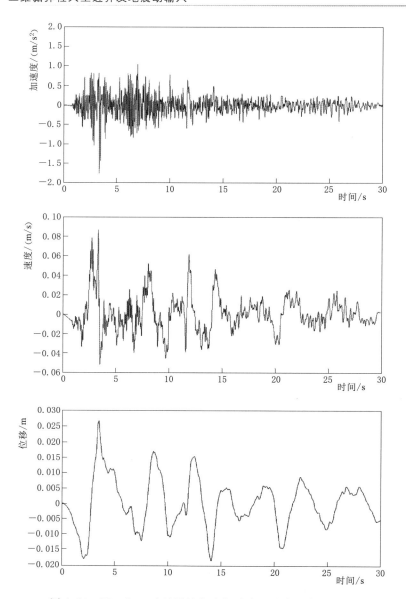

图 3.14　El - Centrol 地震波竖向加速度、速度、位移时程

$0.63\% \sim 35.79\%$；$E_R/E_C = 0.5$，辐射阻尼使坝体关键点应力降幅为 $11.79\% \sim 41.38$；$E_R/E_C = 1.0$，辐射阻尼使坝体关键点应力降幅为 $39.60\% \sim 44.80\%$，降幅表现为随着 E_R/E_C 增大而增大的趋势。

表 3.2　　　　　　无质量地基计算方案不同 E_R/E_C 条件下关键点应力数值对比

E_R/E_C	坝踵点 A 点 σ_1/MPa	坝趾点 B 点 σ_1/MPa	下游折坡点 C 点 σ_1/MPa	上游坝顶点 D 点 σ_1/MPa
0.25	8.27	3.51	12.65	0.033
0.5	10.48	3.46	15.27	0.058
1	11.39	5.76	23.77	0.090

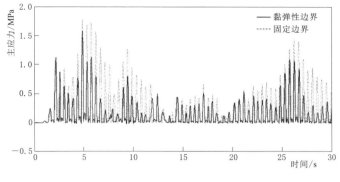

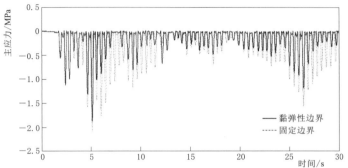

图 3.15   不同边界条件下 A 点 σ_1、σ_3 时程曲线

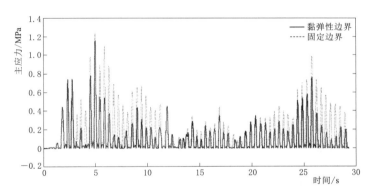

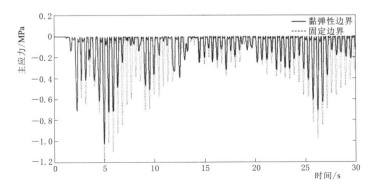

图 3.16   不同边界条件下 B 点 σ_1、σ_3 时程曲线

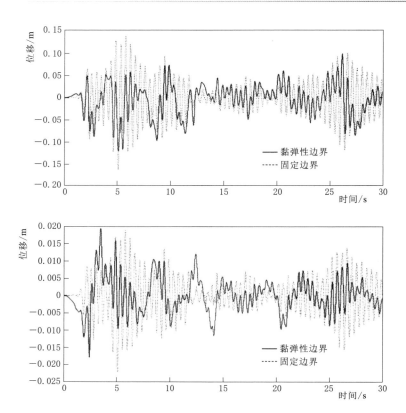

图 3.17 不同边界条件下 D 点顺河向、竖向位移时程曲线

表 3.3 黏弹性人工边界计算方案不同 E_R/E_C 条件下关键点应力数值对比

E_R/E_C	坝踵点 A 点 σ_1/MPa	坝趾点 B 点 σ_1/MPa	下游折坡点 C 点 σ_1/MPa	上游坝顶点 D 点 σ_1/MPa
0.25	5.31	2.46	12.57	0.029
0.5	6.30	2.95	13.47	0.034
1	6.88	3.42	13.12	0.052

表 3.4 黏弹性人工边界计算方案相对无质量地基计算方案不同 E_R/E_C 条件下
关键点应力下降幅值

E_R/E_C	坝踵点 A 点 σ_1 降幅/%	坝趾点 B 点 σ_1 降幅/%	下游折坡点 C 点 σ_1 降幅/%	上游坝顶点 D 点 σ_1 降幅/%
0.25	35.79	29.91	0.63	12.12
0.5	39.89	14.74	11.79	41.38
1	39.60	40.63	44.80	42.22

3.6 小   结

本章从二维黏弹性动力边界基本理论出发,以大型有限元软件 ABAQUS,将等效荷

载施加到人工边界节点上，通过数值算例验证二维黏弹性边界单元及波动输入程序的正确性，并将程序应用至 Koyna 典型挡水坝段，探讨黏弹性人工边界在重力坝–地基–库水有限元地震动分析中的可行性，得出以下结论：

（1）黏弹性人工边界能吸收外行散射地震波能量，模拟人工边界半无限地基介质的弹性恢复性能，通过在人工边界节点施加等效荷载的方法实现波动输入，其求解效率和精度满足要求。

（2）合理选择和模拟人工边界条件直接影响重力坝–地基–库水地震动分析结果的准确性，黏弹性人工边界原理简单、易于应用、稳定性强，具有良好的模拟效果，本章的黏弹性人工边界施加及波动输入程序很容易扩展至三维，为同类工程的抗震分析提供理论依据。

本 章 参 考 文 献

［1］ 徐威，赵臻真，王岳，等. 基于粘弹性人工边界的高重力坝动力特性分析［J］. 人民黄河，2021，43（12）：118－122.

［2］ 谯雯. 重力坝动力分析粘弹性人工边界及其地震动输入处理方法［J］. 长春工程学院学报（自然科学版），2019，20（1）：52－57.

［3］ 范鹏飞. 基于时程分析法的重力坝抗震能力分析［J］. 水利科技与经济，2021，27（11）：38－42.

［4］ 马笙杰，迟明杰，陈红娟，等. 粘弹性人工边界在 ABAQUS 中的实现及地震动输入方法的比较研究［J］. 岩石力学与工程学报，2020，39（7）：1068.

［5］ 刘依松，陈灯红. 考虑无限地基辐射阻尼的重力坝地震响应分析［C］//中国力学大会——2013 论文摘要集，2013：299.

［6］ 刘晶波，谭辉，王东洋，等. 土–结构动力相互作用问题分析中地震动输入的一种新方法［J］. 地震工程学报，2019，41（1）：1－8.

［7］ 麻媛. 重力坝–基岩相互作用系统人工边界动力分析［J］. 人民黄河，2014，36（7）：109－111，114.

［8］ Lysmer J，Kuhlemeyer A M. Finite dynamic model for infinite media［J］. Journal of the Engineering Mechanics Division，1969，95.

［9］ 刘晶波，杜义欣，闫秋实. 粘弹性人工边界及地震动输入在通用有限元软件中的实现［C］//第三届全国防震减灾工程学术研讨会论文集，2007：43－48.

第4章 不同人工边界的高混凝土重力坝地震破坏机理研究

4.1 引　言

近年来混凝土重力坝由于其特有的优势而发展迅猛，尤其在中国有着强劲发展的势头。目前重力坝高度越来越高，规模越来越大，因此混凝土重力坝地震损伤的研究具有现实意义[1]。建模进行有限元数值模拟时，模型的混凝土本构关系、材料分区、坝底-基岩结合面的接触方式、无限地基辐射阻尼的选择等因素直接影响着计算结果的精确性和可靠性[2-3]。

4.1.1　无限地基辐射阻尼作用

在高坝地震动力响应时，要考虑坝体结构和地基的动态相互作用，相对于坝体而言地基是无限的，结构的地震响应会随着地震波动能量向无限远域地基逸散而逐渐降低，起到一种类似阻尼作用，因此习惯上称之为无限地基辐射阻尼作用[4]。从理论角度出发，要模拟无限地基，最直接的方法是远置边界，但是这种方法在实际工程要取数万米的地基范围，会导致计算规模较大，浪费计算时间。因此，早期地震动通常采用人工截取一定范围的远域地基，然后直接在人工截取边界上输入地震动，但是地震动通过地基传播到地表之后产生了放大作用，会夸大地表的地震动[5]。Clough[6] 提出一种只计入地基岩体的弹性、忽略地基质量的模型，这解决了地震波在地震传播过程中的放大作用，但是忽略了地基的惯性、材料特性和无限地基辐射阻尼效应。为了模拟无限地基辐射阻尼效应的影响，国内外专家建立不同种类的人工边界，主要可以分为全局人工边界和局部人工边界两大类型。

全局人工边界是时空耦联的，大多是在时域条件下建立的，全局人工边界较为典型的无穷边界元法；局部人工边界是时空解耦的，在单侧波动理论基础上延伸而来，具有计算效果高的优点，其中最为典型的有透射人工边界、黏性人工边界和黏弹性人工边界[7]。透射人工边界是由廖振鹏等[8]提出的一种基于单侧波动理论的局部人工边界，外行平面波穿过边界上的一点并沿着外法线方向传播，可以适用于二维、三维、声波、弹性波、各向同性介质、各向异性介质等多种情况，具有较高的计算精度，但是这种方法仅适用于低频地震波且计算量大。黏性人工边界是由 Lysmer 和 Kuhlemeyer[9] 首先提出的，这是一种在区域边界处设置阻尼器吸收来源于地基散射的地震波的方法，但是这种方法智能模拟无限地基辐射阻尼效应，并不能有效地模拟其弹性恢复能力，且这种方法只有一阶精度，可能出现低频失稳的问题。黏弹性人工边界是在黏性边界的理论基础上延伸而来，是一种应力型的人工边界，分别用弹簧和阻尼器来模拟无限地基的弹性恢复能力和对散射波的吸收能力。1994 年，Deeks 和 Randolph[10]基于柱面波动方程提出黏弹性边界的概念。1998 年刘晶波、吕彦东[11]基于黏性人工边界发展了黏弹性人工边界，采用一种直接的有限元分析方法，有效模拟了黏弹性人工边界对散射波能量的吸收和无限地基的弹性恢复能力。王海波等[13]首次采用阻尼边界实现在室内振动台试验中对辐射阻尼效应的模拟，研究表明在边界仅施加切向阻尼，散射波的大部分能量被耗散。杜修力等[14-15]把黏弹性人工边界的理论引入拱坝抗震分析中。

4.1.2　混凝土材料非线性

混凝土是由骨料、砂浆、掺合料和外加剂按适当比例混合硬化而成，它的力学性能受配合比、骨料强度、颗粒级配等多种因素影响[16]，因此，对混凝土的内力分布很难进行精确分析。以往分析混凝土应力应变状态常采用线弹性理论，但是这种方法具有局限性，不能精确反映混凝土的非线性。陈厚群等[17]认为如果基岩的坝体均假设为线弹性，坝踵附近可能会产生较大的应力集中，且应力集中随着网格密度的增大而越来越显著，拉应力数值会远远超过混凝土抗拉强度，产生较大的误差，因此，考虑混凝体材料的非线性至关重要[18-20]。

本章针对混凝土重力坝，研究无质量地基、黏弹性人工边界和无限元人工边界条件下高混凝土重力坝-地基-库水的耦合求解方法和材料非线性分析研究。采用混凝土塑性损伤本构模型，对已有坝体损伤分析仅考虑混凝土受拉损伤情况，给出混凝土拉、压循环损伤本构，进行同时考虑混凝土拉、压损伤的混凝土地震响应，分析地震作用下坝体混凝土受压损伤演化过程和发展特性，进行高混凝土重力坝非线性破坏机理研究。

4.2　混凝土重力坝地震动不同人工边界

4.2.1　黏弹性人工边界

三维黏弹性人工边界的示意图如图 4.1 所示，其弹簧-阻尼元件参数为

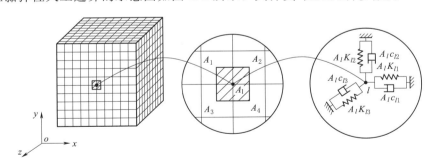

图 4.1　三维黏弹性人工边界的示意图

$$法向 \quad K_{BN} = \frac{1}{1+A} \cdot \frac{\lambda + 2G}{R}, \quad C_{BN} = B\rho C_{\mathrm{P}} \quad\quad (4.1)$$

$$切向 \quad K_{BT} = \frac{1}{1+A} \cdot \frac{G}{R}, \quad C_{BN} = B\rho C_{\mathrm{S}} \quad\quad (4.2)$$

式中　ρ——介质密度；

C_P、C_S——P 波和 S 波波速；

G——剪切模量；

λ——拉梅常数；

R——散射波源到人工边界的距离，一般取几何中心到每个边界距离的平均值；

A、B——参数，较优建议值为 $A = 0.8$，$B = 0.1$。

地震波以平面波形式自底边界垂直入射，如图 4.2 所示。三方向位移和速度分别为 $u_0(t)$、$v_0(t)$、$w_0(t)$ 和 $\dot{u}_0(t)$、$\dot{v}_0(t)$、$\dot{w}_0(t)$。对于底部和侧边界的每个节点，自由场位移和速度是从底部入射波和地表反射波的位移和速度叠加。

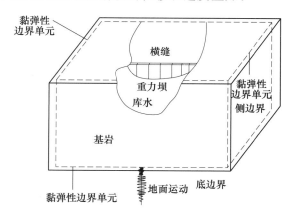

图 4.2　重力坝-地基系统黏弹性边界示意图

基于均匀介质一维波动理论的假设，自由场可表示为

$$
\begin{cases}
u(t) = u_0\left(t - \dfrac{y}{C_S}\right) + u_0\left(t - \dfrac{2H - y}{C_S}\right) \\[2mm]
\dot{u}(t) = \dot{u}_0\left(t - \dfrac{y}{C_S}\right) + \dot{u}_0\left(t - \dfrac{2H - y}{C_S}\right) \\[2mm]
\dfrac{\partial u}{\partial y} = -\dfrac{1}{C_S}\left[\dot{u}_0\left(t - \dfrac{y}{C_S}\right) - \dot{u}_0\left(t - \dfrac{2H - y}{C_S}\right)\right]
\end{cases}
\tag{4.3}
$$

$$
\begin{cases}
v(t) = v_0\left(t - \dfrac{y}{C_P}\right) + v_0\left(t - \dfrac{2H - y}{C_P}\right) \\[2mm]
\dot{v}(t) = \dot{v}_0\left(t - \dfrac{y}{C_P}\right) + \dot{v}_0\left(t - \dfrac{2H - y}{C_P}\right) \\[2mm]
\dfrac{\partial v}{\partial y} = -\dfrac{1}{C_P}\left[\dot{v}_0\left(t - \dfrac{y}{C_P}\right) - \dot{v}_0\left(t - \dfrac{2H - y}{C_P}\right)\right]
\end{cases}
\tag{4.4}
$$

$$
\begin{cases}
w(t) = w_0\left(t - \dfrac{y}{C_S}\right) + w_0\left(t - \dfrac{2H - y}{C_S}\right) \\[2mm]
\dot{w}(t) = \dot{w}_0\left(t - \dfrac{y}{C_S}\right) + \dot{w}_0\left(t - \dfrac{2H - y}{C_S}\right) \\[2mm]
\dfrac{\partial w}{\partial y} = -\dfrac{1}{C_S}\left[\dot{w}_0\left(t - \dfrac{y}{C_S}\right) - \dot{w}_0\left(t - \dfrac{2H - y}{C_S}\right)\right]
\end{cases}
\tag{4.5}
$$

式中　u、v、w 和 $\dot{u}$、$\dot{v}$、$\dot{w}$——x、y、z 三个方向的自由场位移和速度时程；

$u_0\left(t-\dfrac{y}{C_S}\right)$、$v_0\left(t-\dfrac{y}{C_P}\right)$、$w_0\left(t-\dfrac{y}{C_S}\right)$ 和 $\dot{u}_0\left(t-\dfrac{y}{C_P}\right)$、$\dot{v}_0\left(t-\dfrac{y}{C_P}\right)$、$\dot{w}_0\left(t-\dfrac{y}{C_S}\right)$——入射波

三个方向的位移和速度时程；

$u_0\left(t-\dfrac{2H-y}{C_S}\right)$、$v_0\left(t-\dfrac{2H-y}{C_P}\right)$、$w_0\left(t-\dfrac{2H-y}{C_S}\right)$ 和 $\dot{u}_0\left(t-\dfrac{2H-y}{C_S}\right)$、$\dot{v}_0\left(t-\dfrac{2H-y}{C_P}\right)$、

$\dot{w}_0\left(t-\dfrac{2H-y}{C_S}\right)$——表面反射波三个方向的位移和速度时程。

　　等效边界节点荷载可表示为

$$F_b=(K_b u_b^{ff}+C_b \dot{u}_b^{ff}+\sigma_b^{ff}n)A_b \tag{4.6}$$

其中　　　　　　　　　　$u_b^{ff}=[uvw]^{\mathrm{T}}$，$\dot{u}_b^{ff}=[\dot{u}\dot{v}\dot{w}]^{\mathrm{T}}$

式中　σ_b^{ff}——自由场应力张量；

　　　　n——法向余弦向量；

　　　　K_b——弹簧刚度的对角阵，其边界法向与 X 轴平行时为 $\begin{bmatrix} K_{BN} & & \\ & K_{BT} & \\ & & K_{BT} \end{bmatrix}$，与

　　　　Y 轴平行时为 $\begin{bmatrix} K_{BT} & & \\ & K_{BN} & \\ & & K_{BT} \end{bmatrix}$，与 Z 轴平行时为 $\begin{bmatrix} K_{BT} & & \\ & K_{BT} & \\ & & K_{BN} \end{bmatrix}$；

C_b 同理。

　　由地壳深部传向地表的地震波，其入射方向将逐渐接近垂直水平地表的竖向。自由场位移的应变为

$$\begin{cases} \varepsilon_{xx}=\dfrac{\partial u}{\partial x}=0 \\[2mm] \varepsilon_{yy}=\dfrac{\partial v}{\partial y} \\[2mm] \varepsilon_{zz}=\dfrac{\partial w}{\partial z}=0 \\[2mm] \varepsilon_{yz}=\dfrac{\partial w}{\partial y}+\dfrac{\partial v}{\partial z}=\dfrac{\partial w}{\partial y} \\[2mm] \varepsilon_{zx}=\dfrac{\partial u}{\partial z}+\dfrac{\partial w}{\partial x}=0 \\[2mm] \varepsilon_{xy}=\dfrac{\partial v}{\partial x}+\dfrac{\partial u}{\partial y}=\dfrac{\partial u}{\partial y} \end{cases} \tag{4.7}$$

　　由本构方程，应力为

$$
\left\{
\begin{array}{c}
\sigma_{xx} \\
\sigma_{yy} \\
\sigma_{zz} \\
\sigma_{yz} \\
\sigma_{xz} \\
\sigma_{xy}
\end{array}
\right\}
=
\left\{
\begin{array}{cccccc}
\lambda+2G & \lambda & \lambda & & & \\
\lambda & \lambda+2G & \lambda & & & \\
\lambda & \lambda & \lambda+2G & & & \\
& & & G & & \\
& & & & G & \\
& & & & & G
\end{array}
\right\}
\left\{
\begin{array}{c}
\varepsilon_{xx} \\
\varepsilon_{yy} \\
\varepsilon_{zz} \\
\varepsilon_{yz} \\
\varepsilon_{xz} \\
\varepsilon_{xy}
\end{array}
\right\}
=
\left\{
\begin{array}{c}
\lambda\varepsilon_{yy} \\
(\lambda+2G)\varepsilon_{yy} \\
\lambda\varepsilon_{yy} \\
G\varepsilon_{yz} \\
0 \\
G\varepsilon_{xy}
\end{array}
\right\}
\tag{4.8}
$$

将式（4.7）代入式（4.8），自由场应力为

$$
\left\{
\begin{array}{c}
\sigma_{xx} \\
\sigma_{yy} \\
\sigma_{zz} \\
\sigma_{yz} \\
\sigma_{xz} \\
\sigma_{xy}
\end{array}
\right\}
=
\left\{
\begin{array}{c}
\lambda\varepsilon_{yy} \\
(\lambda+2G)\varepsilon_{yy} \\
\lambda\varepsilon_{yy} \\
G\varepsilon_{yz} \\
0 \\
G\varepsilon_{xy}
\end{array}
\right\}
=
\left\{
\begin{array}{c}
\lambda\dfrac{\partial v}{\partial y} \\[2mm]
(\lambda+2G)\dfrac{\partial v}{\partial y} \\[2mm]
\lambda\dfrac{\partial v}{\partial y} \\[2mm]
G\dfrac{\partial w}{\partial y} \\[2mm]
0 \\[2mm]
G\dfrac{\partial u}{\partial y}
\end{array}
\right\}
\tag{4.9}
$$

应力产生的面力为

$$
\left\{
\begin{array}{c}
X_b \\
Y_b \\
Z_b
\end{array}
\right\}
=
\left\{
\begin{array}{ccc}
\sigma_{xx} & \sigma_{yx} & \sigma_{zx} \\
\sigma_{xy} & \sigma_{yy} & \sigma_{zy} \\
\sigma_{xz} & \sigma_{yz} & \sigma_{zz}
\end{array}
\right\}
\left\{
\begin{array}{c}
l \\
m \\
n
\end{array}
\right\}
=
\left\{
\begin{array}{c}
l\sigma_{xx}+n\sigma_{zx} \\
m\sigma_{yy}+n\sigma_{zy} \\
l\sigma_{xz}+m\sigma_{yz}+n\sigma_{zz}
\end{array}
\right\}
\tag{4.10}
$$

（1）对于底面，$\boldsymbol{n}=(0,\ -1,\ 0)$。

$$
\left\{
\begin{aligned}
F_{bx}^{-y} &= A_b\left\{K_{BT}\left[u_0(t)+u_0\left(t-\frac{2H}{C_S}\right)\right]+C_{BT}\left[\dot{u}_0(t)+\dot{u}_0\left(t-\frac{2H}{C_S}\right)\right]+\rho C_S\left[\dot{u}_0(t)+\dot{u}_0\left(t-\frac{2H}{C_S}\right)\right]\right\} \\
F_{by}^{-y} &= A_b\left\{K_{BN}\left[v_0(t)+v_0\left(t-\frac{2H}{C_P}\right)\right]+C_{BN}\left[\dot{v}_0(t)+\dot{v}_0\left(t-\frac{2H}{C_P}\right)\right]+\rho C_P\left[\dot{v}_0(t)-\dot{v}_0\left(t-\frac{2H}{C_P}\right)\right]\right\} \\
F_{bz}^{-y} &= A_b\left\{K_{BT}\left[w_0(t)+w_0\left(t-\frac{2H}{C_S}\right)\right]+C_{BT}\left[\dot{w}_0(t)+\dot{w}_0\left(t-\frac{2H}{C_S}\right)\right]+\rho C_S\left[\dot{w}_0(t)+\dot{w}_0\left(t-\frac{2H}{C_S}\right)\right]\right\}
\end{aligned}
\right.
\tag{4.11}
$$

（2）对于 x 轴正向边界面，$\boldsymbol{n}=(1,\ 0,\ 0)$。

$$\left\{\begin{array}{l} F_{bx}^{+x}=A_b\left\{\begin{array}{l}K_{BN}\left[u_0\left(t-\dfrac{y}{C_S}\right)+u_0\left(t-\dfrac{2H-y}{C_S}\right)\right]+C_{BN}\left[\dot{u}_0\left(t-\dfrac{y}{C_S}\right)+\dot{u}_0\left(t-\dfrac{2H-y}{C_S}\right)\right]-\\[4mm]\dfrac{\lambda}{C_P}\left[\dot{v}_0\left(t-\dfrac{y}{C_P}\right)-\dot{v}_0\left(t-\dfrac{2H-y}{C_P}\right)\right]\end{array}\right.\\[12mm] F_{by}^{+x}=A_b\left\{\begin{array}{l}K_{BT}\left[v_0\left(t-\dfrac{y}{C_P}\right)+v_0\left(t-\dfrac{2H-y}{C_P}\right)\right]+C_{BT}\left[\dot{v}_0\left(t-\dfrac{y}{C_P}\right)+\dot{v}_0\left(t-\dfrac{2H-y}{C_P}\right)\right]-\\[4mm]\rho C_S\left(\dot{u}_0\left(t-\dfrac{y}{C_S}\right)+\dot{u}_0\left(t-\dfrac{2H-y}{C_S}\right)\right)\end{array}\right.\\[12mm] F_{bz}^{+x}=A_b\left\{K_{BT}\left[w_0\left(t-\dfrac{y}{C_S}\right)+w_0\left(t-\dfrac{2H-y}{C_S}\right)\right]+C_{BT}\left[\dot{w}_0\left(t-\dfrac{y}{C_S}\right)+\dot{w}_0\left(t-\dfrac{2H-y}{C_S}\right)\right]\right\}\end{array}\right.$$

$$(4.12)$$

（3）对于 x 轴负向边界面，$\boldsymbol{n}=(-1,\ 0,\ 0)$。

$$\left\{\begin{array}{l} F_{bx}^{-x}=A_b\left\{\begin{array}{l}K_{BN}\left[u_0\left(t-\dfrac{y}{C_S}\right)+u_0\left(t-\dfrac{2H-y}{C_S}\right)\right]+C_{BN}\left[\dot{u}_0\left(t-\dfrac{y}{C_S}\right)+\dot{u}_0\left(t-\dfrac{2H-y}{C_S}\right)\right]+\\[4mm]\dfrac{\lambda}{C_P}\left[\dot{v}_0\left(t-\dfrac{y}{C_P}\right)-\dot{v}_0\left(t-\dfrac{2H-y}{C_P}\right)\right]\end{array}\right.\\[12mm] F_{by}^{-x}=A_b\left\{\begin{array}{l}K_{BT}\left[v_0\left(t-\dfrac{y}{C_P}\right)+v_0\left(t-\dfrac{2H-y}{C_P}\right)\right]+C_{BT}\left[\dot{v}_0\left(t-\dfrac{y}{C_P}\right)+\dot{v}_0\left(t-\dfrac{2H-y}{C_P}\right)\right]+\\[4mm]\rho C_S\left[\dot{u}_0\left(t-\dfrac{y}{C_S}\right)+\dot{u}_0\left(t-\dfrac{2H-y}{C_S}\right)\right]\end{array}\right.\\[12mm] F_{bz}^{-x}=A_b\left\{K_{BT}\left[w_0\left(t-\dfrac{y}{C_S}\right)+w_0\left(t-\dfrac{2H-y}{C_S}\right)\right]+C_{BT}\left(\dot{w}_0\left(t-\dfrac{y}{C_S}\right)+\dot{w}_0\left(t-\dfrac{2H-y}{C_S}\right)\right)\right\}\end{array}\right.$$

$$(4.13)$$

（4）对于 y 轴负向边界面，$\boldsymbol{n}=(0,\ 0,\ -1)$。

$$\left\{\begin{array}{l} F_{bx}^{+z}=A_b\left\{K_{BT}\left[u_0\left(t-\dfrac{y}{C_S}\right)+u_0\left(t-\dfrac{2H-y}{C_S}\right)\right]+C_{BT}\left[\dot{u}_0\left(t-\dfrac{y}{C_S}\right)+\dot{u}_0\left(t-\dfrac{2H-y}{C_S}\right)\right]\right\}\\[12mm] F_{by}^{+z}=A_b\left\{\begin{array}{l}K_{BT}\left[v_0\left(t-\dfrac{y}{C_P}\right)+v_0\left(t-\dfrac{2H-y}{C_P}\right)\right]+C_{BT}\left(\dot{v}_0\left(t-\dfrac{y}{C_P}\right)+\dot{v}_0\left(t-\dfrac{2H-y}{C_P}\right)\right)-\\[4mm]\rho C_S\left[\dot{w}_0\left(t-\dfrac{y}{C_S}\right)-\dot{w}_0\left(t-\dfrac{2H-y}{C_S}\right)\right]\end{array}\right.\\[12mm] F_{bz}^{+z}=A_b\left\{\begin{array}{l}K_{BN}\left[w_0\left(t-\dfrac{y}{C_S}\right)+w_0\left(t-\dfrac{2H-y}{C_S}\right)\right]+C_{BN}\left[\dot{w}_0\left(t-\dfrac{y}{C_S}\right)+\dot{w}_0\left(t-\dfrac{2H-y}{C_S}\right)\right]-\\[4mm]\dfrac{\lambda}{C_P}\left[\dot{v}_0\left(t-\dfrac{y}{C_P}\right)-\dot{v}_0\left(t-\dfrac{2H-y}{C_P}\right)\right]\end{array}\right.\end{array}\right.$$

$$(4.14)$$

（5）对于 y 轴正向边界面，$\boldsymbol{n}=(0,\ 0,\ 1)$。

$$\begin{cases} F_{bx}^{-z} = A_b \left\{ K_{BT} \left[u_0 \left(t - \dfrac{y}{C_S} \right) + u_0 \left(t - \dfrac{2H-y}{C_S} \right) \right] + C_{BT} \left[\dot{u}_0 \left(t - \dfrac{y}{C_S} \right) + \dot{u}_0 \left(t - \dfrac{2H-y}{C_S} \right) \right] \right\} \\[4mm] F_{by}^{-z} = A_b \begin{Bmatrix} K_{BT} \left[v_0 \left(t - \dfrac{y}{C_P} \right) + v_0 \left(t - \dfrac{2H-y}{C_P} \right) \right) + C_{BT} \left[\dot{v}_0 \left(t - \dfrac{y}{C_P} \right) + \dot{v}_0 \left(t - \dfrac{2H-y}{C_P} \right) \right] + \\[3mm] \rho C_S \left[\dot{w}_0 \left(t - \dfrac{y}{C_S} \right) - \dot{w}_0 \left(t - \dfrac{2H-y}{C_S} \right) \right] \end{Bmatrix} \\[6mm] F_{bz}^{-z} = A_b \begin{Bmatrix} K_{BN} \left[w_0 \left(t - \dfrac{y}{C_S} \right) + w_0 \left(t - \dfrac{2H-y}{C_S} \right) \right] + C_{BN} \left[\dot{w}_0 \left(t - \dfrac{y}{C_S} \right) + \dot{w}_0 \left(t - \dfrac{2H-y}{C_S} \right) \right] + \\[3mm] \dfrac{\lambda}{C_P} \left[\dot{v}_0 \left(t - \dfrac{y}{C_P} \right) - \dot{v}_0 \left(t - \dfrac{2H-y}{C_P} \right) \right] \end{Bmatrix} \end{cases}$$

$$(4.15)$$

　　黏弹性人工边界在 ABAQUS 中的实现流程如图 4.3 所示，首先在 ABAQUS 中建立近场域的有限元模型，导出模型的 .inp 文件，将有限元模型人工边界上的节点信息（包括节点坐标和控制面积）、位移波和速度波输入到自编的 MATLAB 程序中，形成黏弹性人工边界和边界地震动输入节点荷载的 .inp 文件，最后将有限元模型、黏弹性人工边界和等效节点荷载合并为总的 .inp 文件，导入 ABAQUS 软件中执行。

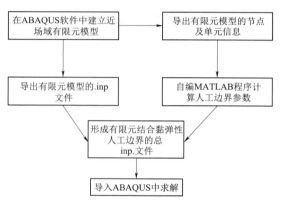

图 4.3　黏弹性边界在 ABAQUS 中的实现流程

4.2.2　无限元动力边界

　　无限元边界法的计算精度高，对多类复杂波动问题适应性好，因此，在实际工程中有广泛应用，但多集中在爆炸、冲击等内源动领域，在结构抗震中由于涉及外源波动的入射问题而应用较少。

4.2.2.1　无限元动力边界原理

　　如图 4.4 所示，无限元边界法的基本原理是通过建立有限元-无限元耦合模型，将对应于有限域的局部坐标系映射到无穷大的无限域整体坐标系中，实现计算范围区域无限远，同时考虑位移在无限域内的衰减以实现在无限远处位移为零的边界条件，可借助 ABAQUS 软件提供的无限单元内嵌分布阻尼器吸收散射波能量，实现辐射阻尼效应的模拟。

　　地震压缩波（P 波）入射时，其在无限弹性介质的运动方程为

$$\frac{\partial^2 \bar{\varepsilon}}{\partial t^2} = \frac{\lambda + 2G}{\rho} \nabla^2 \bar{\varepsilon} = C_P^2 \nabla^2 \bar{\varepsilon} \tag{4.16}$$

式中　$\bar{\varepsilon}$——体应变；

　　　C_P——P 波波速；

　　　λ——拉梅常数；

　　　G——剪切模量；

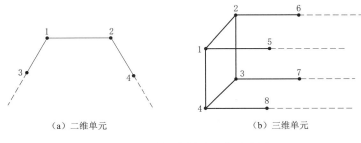

（a）二维单元　　　　　　　　（b）三维单元

图 4.4　无限-有限元节点示意图

∇——Hamilton 算子，表示梯度和散度。

假设一沿 x 轴正向传播的 P 波自有限区域散射至人工边界，则通过求解式（4.16）可得边界节点的位移：

$$\begin{cases} u_{x1}=f_1(x-C_\mathrm{P}t) \\ u_{y1}=0 \\ u_{z1}=0 \end{cases} \tag{4.17}$$

在节点处被反射回有限域的位移波为

$$\begin{cases} u_{x2}=f_2(x+C_\mathrm{P}t) \\ u_{y1}=0 \\ u_{z1}=0 \end{cases} \tag{4.18}$$

人工边界节点合位移为

$$u_x=f_1(x-C_\mathrm{P}t)+f_2(x+C_\mathrm{P}t) \tag{4.19}$$

入射和反射合速度为

$$\dot{u}_x=-C_\mathrm{P}(f_1'-f_2') \tag{4.20}$$

根据弹性力学：

$$\sigma_x=2G\varepsilon_x+\lambda\bar{\varepsilon} \tag{4.21}$$

将 $\varepsilon_x=\bar{\varepsilon}=f_1'+f_2'$ 代入式（4.21）得

$$\sigma_x=(\lambda+2G)(f_1'+f_2') \tag{4.22}$$

边界节点上阻尼应力为

$$\sigma_{\mathrm{damp}}=-C_{BN}\dot{u}_x=C_{BN}C_\mathrm{P}(f_1'-f_2') \tag{4.23}$$

式中　C_{BN}——对应 P 波的无限单元内嵌分布阻尼器参数。

经过人工边界后，若要消除散射波的影响，散射波产生的应力应与阻尼应力相等，即 $\sigma_x=\sigma_{\mathrm{damp}}$，则

$$(\lambda+2G)(f_1'+f_2')=C_{BN}C_\mathrm{P}(f_1'-f_2') \tag{4.24}$$

整理得

$$(\lambda+2G-C_{BN}C_\mathrm{P})f_1'+(\lambda+2G+C_{BN}C_\mathrm{P})f_2'=0 \tag{4.25}$$

为保证任何入射情况下均不产生反射波（即 $f_1'=0$，$f_2'=0$），则

$$\frac{\lambda + 2G}{C_P} = \rho C_P \tag{4.26}$$

式（4.26）即为无限单元内嵌分布阻尼器内对应 P 波沿 x 方向的阻尼系数 C_{BN} 的表达式。同理，对应剪切 S 波的无限单元内嵌分布阻尼器系数 C_{BT} 为

$$C_{BT} = \rho C_S \tag{4.27}$$

无限单元自定义的在数值上与黏性边界及黏弹性边界的人工阻尼器系数相同，但以上的计算与赋值操作均由 ABAQUS 软件自动生成，相对黏性边界和黏弹性边界节省了大量前处理工作。

4.2.2.2　无限元边界地震动输入方法

当外部地震荷载传播进入有限元区域后，地基的运动由入射波和反射波叠加组成。散射回有限元边界的波由无限元吸收，同时体现地基的弹性作用，假定边界区域弹性小变形，可将荷载转化为边界上节点等效应力，从而解决外源波入射问题。

黏弹性人工边界等效节点力如式（4.6），无限元边界已自动嵌入刚度项，因此，取式（4.6）中弹簧刚度为 0，阻尼系数和黏弹性边界的表达形式相同，得到无限元人工边界地震动输入的等效节点力表达式，不同边界面上等效节点力的计算表达式不用。

（1）对于底面，$\boldsymbol{n} = (0, -1, 0)$。

$$\begin{cases} F_{bx}^{-y} = A_b \left\{ C_{BT} \left[\dot{u}_0(t) + \dot{u}_0\left(t - \dfrac{2H}{C_S}\right) \right] + \rho C_S \left[\dot{u}_0(t) + \dot{u}_0\left(t - \dfrac{2H}{C_S}\right) \right] \right\} \\ F_{by}^{-y} = A_b \left\{ C_{BN} \left[\dot{v}_0(t) + \dot{v}_0\left(t - \dfrac{2H}{C_P}\right) \right] + \rho C_P \left[\dot{v}_0(t) - \dot{v}_0\left(t - \dfrac{2H}{C_P}\right) \right] \right\} \\ F_{bz}^{-y} = A_b \left\{ C_{BT} \left[\dot{w}_0(t) + \dot{w}_0\left(t - \dfrac{2H}{C_S}\right) \right] + \rho C_S \left[\dot{w}_0(t) + \dot{w}_0\left(t - \dfrac{2H}{C_S}\right) \right] \right\} \end{cases} \tag{4.28}$$

（2）对于 x 轴正向边界面，$\boldsymbol{n} = (1, 0, 0)$。

$$\begin{cases} F_{bx}^{+x} = A_b \left\{ C_{BN} \left[\dot{u}_0\left(t - \dfrac{y}{C_S}\right) + \dot{u}_0\left(t - \dfrac{2H-y}{C_S}\right) \right] - \dfrac{\lambda}{C_P} \left(\dot{v}_0\left(t - \dfrac{y}{C_P}\right) - \dot{v}_0\left(t - \dfrac{2H-y}{C_P}\right) \right) \right\} \\ F_{by}^{+x} = A_b \left\{ C_{BT} \left[\dot{v}_0\left(t - \dfrac{y}{C_P}\right) + \dot{v}_0\left(t - \dfrac{2H-y}{C_P}\right) \right] - \rho C_S \left[\dot{u}_0\left(t - \dfrac{y}{C_S}\right) + \dot{u}_0\left(t - \dfrac{2H-y}{C_S}\right) \right] \right\} \\ F_{bz}^{+x} = A_b C_{BT} \left[\dot{w}_0\left(t - \dfrac{y}{C_S}\right) + \dot{w}_0\left(t - \dfrac{2H-y}{C_S}\right) \right] \end{cases} \tag{4.29}$$

（3）对于 x 轴负向边界面，$\boldsymbol{n} = (-1, 0, 0)$。

$$\begin{cases} F_{bx}^{+x} = A_b \left\{ C_{BN} \left[\dot{u}_0\left(t - \dfrac{y}{C_S}\right) + \dot{u}_0\left(t - \dfrac{2H-y}{C_S}\right) \right] + \dfrac{\lambda}{C_P} \left[\dot{v}_0\left(t - \dfrac{y}{C_P}\right) - \dot{v}_0\left(t - \dfrac{2H-y}{C_P}\right) \right] \right\} \\ F_{by}^{+x} = A_b \left\{ C_{BT} \left[\dot{v}_0\left(t - \dfrac{y}{C_P}\right) + \dot{v}_0\left(t - \dfrac{2H-y}{C_P}\right) \right] + \rho C_S \left[\dot{u}_0\left(t - \dfrac{y}{C_S}\right) + \dot{u}_0\left(t - \dfrac{2H-y}{C_S}\right) \right] \right\} \\ F_{bz}^{+x} = A_b C_{BT} \left[\dot{w}_0\left(t - \dfrac{y}{C_S}\right) + \dot{w}_0\left(t - \dfrac{2H-y}{C_S}\right) \right] \end{cases}$$

$$\tag{4.30}$$

（4）对于 z 轴正向边界面，$\boldsymbol{n}=(0,0,1)$。

$$
\begin{cases}
F_{bx}^{+z}=A_b C_{BT}\left[\dot{u}_0\left(t-\dfrac{y}{C_S}\right)+\dot{u}_0\left(t-\dfrac{2H-y}{C_S}\right)\right] \\[4mm]
F_{by}^{+z}=A_b\left\{C_{BT}\left[\dot{v}_0\left(t-\dfrac{y}{C_P}\right)+\dot{v}_0\left(t-\dfrac{2H-y}{C_P}\right)\right]-\rho C_S\left[\dot{w}_0\left(t-\dfrac{y}{C_S}\right)-\dot{w}_0\left(t-\dfrac{2H-y}{C_S}\right)\right]\right\} \\[4mm]
F_{bz}^{+z}=A_b\left\{C_{BN}\left[\dot{w}_0\left(t-\dfrac{y}{C_S}\right)+\dot{w}_0\left(t-\dfrac{2H-y}{C_S}\right)\right]-\dfrac{\lambda}{C_P}\left[\dot{v}_0\left(t-\dfrac{y}{C_P}\right)-\dot{v}_0\left(t-\dfrac{2H-y}{C_P}\right)\right]\right\}
\end{cases}
$$
$$(4.31)$$

（5）对于 z 轴负向边界面，$\boldsymbol{n}=(0,0,-1)$。

$$
\begin{cases}
F_{bx}^{+z}=A_b C_{BT}\left[\dot{u}_0\left(t-\dfrac{y}{C_S}\right)+\dot{u}_0\left(t-\dfrac{2H-y}{C_S}\right)\right] \\[4mm]
F_{by}^{+z}=A_b\left\{C_{BT}\left[\dot{v}_0\left(t-\dfrac{y}{C_P}\right)+\dot{v}_0\left(t-\dfrac{2H-y}{C_P}\right)\right]+\rho C_S\left[\dot{w}_0\left(t-\dfrac{y}{C_S}\right)-\dot{w}_0\left(t-\dfrac{2H-y}{C_S}\right)\right]\right\} \\[4mm]
F_{bz}^{+z}=A_b\left\{C_{BN}\left[\dot{w}_0\left(t-\dfrac{y}{C_S}\right)+\dot{w}_0\left(t-\dfrac{2H-y}{C_S}\right)\right]+\dfrac{\lambda}{C_P}\left[\dot{v}_0\left(t-\dfrac{y}{C_P}\right)-\dot{v}_0\left(t-\dfrac{2H-y}{C_P}\right)\right]\right\}
\end{cases}
$$
$$(4.32)$$

4.2.3　算例验证

为验证本章所讨论的黏弹性人工边界、无限元人工边界准确性及所编制程序的正确性，采用文献［21］的算例模型进行验证。模型尺寸为 6m×6m×50m（长、宽、高），三维黏弹性人工边界基于有限元计算软件 ABAQUS 在模型的四周和底面通过自有的弹簧单元 spring 单元和阻尼单元 dashpot 实现模拟，均匀弹性半空间采用 C3D8R 单元实现。无限元人工边界基于有限元计算软件 ABAQUS 在模型的四周和底面通过无限单元，建立无限元-有限元模型，无限单元采用 CIN3D8 单元实现，计算模型如图 4.5 所示。

材料弹性模量为 24MPa，泊松比为 0.2，密度为 1000kg/m³，分别从底部垂直输入 x、z 方向的单位脉冲剪切位移波和 y 向的单位脉冲压缩位移波：

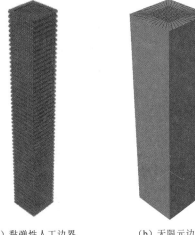

（a）黏弹性人工边界　　（b）无限元边界

图 4.5　计算模型

$$u(t)=0.5[1-\cos(2\pi f t)]$$

式中，$f=4.0\text{Hz}$，$0\leqslant t\leqslant0.25\text{s}$，位移波和速度波如图 4.6 所示，对应的剪切波速为 100m/s，压缩波速为 163.3m/s。

由一维波动理论理论，横向向剪切波在 0.25s 到达模型中部，0.5s 到达模型顶部，由于顶部是自由表面，故放大两倍，经顶部自由表面反射后向下传播，在 0.75s 到达模型中部，1s 到达模型底部，1.25s 后水平波完全穿过底面，向无限远处传播，计算模型各部

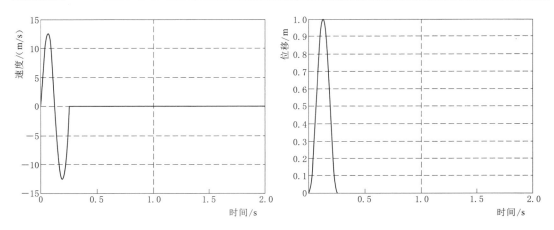

图 4.6　速度波和位移波

位的位移均变为 0。

同理，竖向压缩位移波在 0.153s 到达模型中部，0.306s 到达模型顶部，由于顶部是自由表面故放大两倍，经顶部自由表面反射后向下传播，在 0.459s 到达模型中部，0.612s 到达模型底部，0.862s 后水平波完全穿过底面，向无限远处传播，计算模型各部位的位移均变为 0。

图 4.7 和图 4.8 分别给出模型采用黏弹性人工边界、无限元人工边界，监测点沿高度方向底部、中部和顶部的竖向、横向位移。

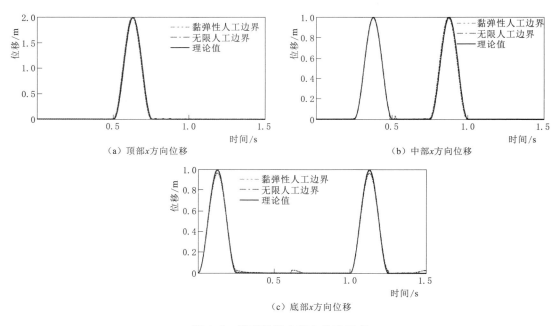

（a）顶部 x 方向位移

（b）中部 x 方向位移

（c）底部 x 方向位移

图 4.7　模型监测点横向位移示意

由图 4.7 和图 4.8 可知，无限元和黏弹性人工边界结果与理论值十分接近，由此验证了本章提出的两种人工边界建模、荷载生成和施加方法的正确性和精确性，同时基于波动

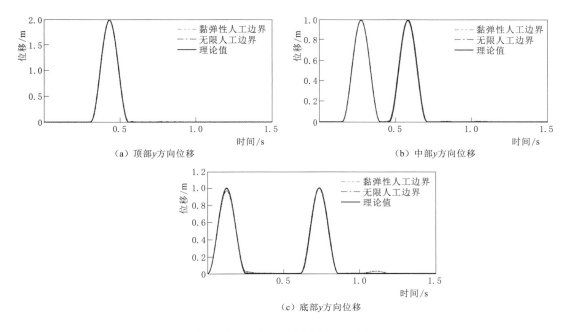

图 4.8　模型监测点竖向位移示意

理论的无限元和黏弹性人工边界能够很好地解决外源输入时的地基辐射阻尼问题，便于工程应用。

4.3　混凝土弹塑性力学模型

混凝土高坝坝体破坏的一种主要形式是由于非均质准脆性混凝土在强震作用下产生微裂缝，然后微裂缝扩展和交汇，形成宏观裂缝并扩展贯通最终导致体系破坏。混凝土中微裂缝的分布具有不确定性，且裂缝的尖端并不存在均匀的应力场，用断裂力学方法难以有效分析，故不适合用塑性力学方法分析。目前，较为常用的是用损伤力学方法分析，其中较为经典的是 Lee 和 Fenves[22] 提出的把塑性力学和损伤力学结合的塑性损伤模型，并被 ABAQUS 纳入计算分析体系，采用塑性力学中的屈服准则判断混凝土是否进入损伤状态，如材料进入损伤状态就采用流动发展计算损伤后的塑性应变，依据损伤演化曲线计算损伤材料的刚度退化。

4.3.1　屈服准则

平面应力空间的屈服函数如图 4.9 所示，当应力点在屈服面内，混凝土材料处于弹性状态，当应力点在屈服面上，混凝土材料开始进入塑性状态。

屈服面函数可表示为

$$F(\bar{\sigma},\bar{\varepsilon}^{pl})=\frac{1}{1-\alpha}\left[\bar{q}-3a\bar{p}+\beta(\bar{\varepsilon}^{pl})\langle\hat{\bar{\sigma}}\rangle\right]-\bar{\sigma}_c(\bar{\varepsilon}^{pl}) \tag{4.33}$$

其中

$$
\begin{cases}
\alpha = \dfrac{\sigma_{b0} - \sigma_{c0}}{2\sigma_{b0} - \sigma_{c0}} = \dfrac{(\sigma_{b0}/\sigma_{c0}) - 1}{2(\sigma_{b0}/\sigma_{c0}) - 1} \\[2mm]
\beta(\bar{\varepsilon}^{pl}) = \dfrac{\bar{\sigma}_c(\bar{\varepsilon}_c^{pl})}{\bar{\sigma}_t(\bar{\varepsilon}_t^{pl})}(1-\alpha) - (1+\alpha) \\[2mm]
\bar{p} = -\dfrac{1}{3}\bar{\sigma} : I \\[2mm]
\bar{q} = \sqrt{\dfrac{3}{2}\bar{S} : \bar{S}} \\[2mm]
\bar{S} = \bar{\sigma} + \bar{p}I
\end{cases}
\tag{4.34}
$$

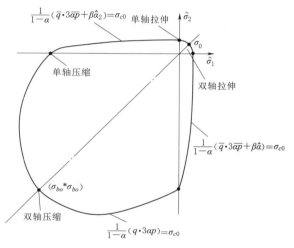

图 4.9 平面应力空间的屈服函数

式中 $\bar{\sigma}$——有效应力张量；

α、β——无量纲量；

$\bar{S}$——偏应力张量；

I——二阶张量；

$\bar{p}$、$\bar{q}$——有效应力张量的第一、第二不变量；

$\hat{\bar{\sigma}}$——最大主有效应力；

σ_{b0}——双轴抗压强度；

σ_{c0}——单轴抗压强度；

$\bar{\sigma}_c$、$\bar{\sigma}_t$——有效抗压强度和有效抗拉强度。

一般取 $\dfrac{\sigma_{b0}}{\sigma_{c0}}$ 的范围为 [1.10，1.16]，则 α 的取值范围为 [0.08，0.12]，这里取 $\dfrac{\sigma_{b0}}{\sigma_{c0}} = 1.16$。

4.3.2 两种典型屈服模型

4.3.2.1 摩尔-库伦屈服准则

如图 4.10 所示，摩尔-库伦屈服准则（简称 MC 准则）认为材料在某点的破坏取决于此点上某平面上的剪应力是否达到与平面上的法向应力相关的最大抗剪强度。此模型提出求解平面上最大抗剪强度数学函数：

$$
\tau = c - \sigma\tan\varphi \tag{4.35}
$$

式中 c——黏聚力；

φ——内摩擦角。

c 和 φ 两者为材料的材料特性，通过试验确定。在摩尔圆上，可以得出

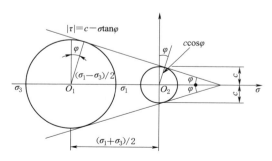

图 4.10 MC 准则

$$\begin{cases} \tau = \dfrac{\sigma_1 - \sigma_2}{2}\cos\varphi \\[2ex] \sigma = \dfrac{\sigma_1 + \sigma_3}{2} + \dfrac{\sigma_1 - \sigma_3}{2}\sin\varphi \end{cases} \tag{4.36}$$

将式（4.35）代入式（4.36）可得

$$\frac{\sigma_1}{f_t'} - \frac{\sigma_3}{f_c'} = 1 \tag{4.37}$$

其中，$f_t' = \dfrac{2c\cos\varphi}{1+\sin\varphi}$、$f_c' = \dfrac{2c\cos\varphi}{1-\sin\varphi}$ 分别表示简单拉伸和压缩强度。

以应力不变量表示为

$$f(I_1, J_1, \theta) = \frac{1}{3}I_1\sin\varphi + \sqrt{J_1}\sin\left(\theta + \frac{\pi}{3}\right) + \sqrt{\frac{J_2}{3}}\cos\left(\theta + \frac{\pi}{3}\right)\sin\varphi - c\cos\varphi = 0 \quad \left(0 \leqslant \theta \leqslant \frac{\pi}{3}\right) \tag{4.38}$$

摩尔-库伦屈服准则与静水压力相关。这是地质类材料与金属类材料的破坏准则的重要区别。当摩擦角为 0 时，即退化为静水无关的冯·米塞斯准则。

在主应力空间中，摩尔-库伦屈服面是不规则六面椎体，图 4.11 为平面上的 MC 准则，图 4.12 为主应力空间中的 MC 准则。

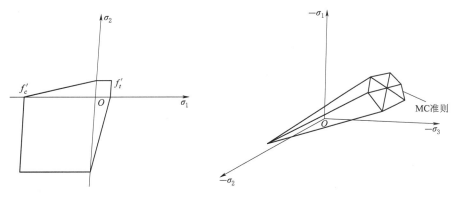

图 4.11　平面上的 MC 准则　　　　图 4.12　主应力空间中的 MC 准则

4.3.2.2　德鲁克-普拉格屈服准则

德鲁克-普拉格屈服模型（简称 DP 模型）是对摩尔-库伦模型的修正和改进。摩尔-库伦六边形屈服面是不光滑且是有尖角的，而这些六边形尖角在计算流动势时存在数值计算的困难，而德鲁克-普拉格屈服准则正是对摩尔-库伦准则屈服面的光滑近似。屈服面函数数学表达式为

$$f = \alpha I_1 + \sqrt{J_2} - k \tag{4.39}$$

式中　I_1、J_2——第一应力张量不变量和第二应力偏量不变量；
　　　　α、k——由摩擦角 φ 和黏聚力 c 确定。

德鲁克-普拉格准则通过调整圆锥的大小适应摩尔-库伦准则屈服面，若圆锥面的母线沿着摩尔-库伦屈服面的受拉子午线，则得到摩尔-库伦准则屈服面的内边界，α、k 与摩

擦角 φ 和黏聚力 c 的关系为

$$\alpha = \frac{2\sin\varphi}{\sqrt{3}\,(3+\sin\varphi)}, \quad k = \frac{6c\cos\varphi}{\sqrt{3}\,(3+\sin\varphi)} \tag{4.40}$$

若圆锥面的母线沿着摩尔-库伦准则屈服面的受压子午线,则得到摩尔-库伦准则屈服面的内边界,α、k 与摩擦角 φ 和黏聚力 c 的关系为

$$\alpha = \frac{2\sin\varphi}{\sqrt{3}\,(3-\sin\varphi)}, \quad k = \frac{6c\cos\varphi}{\sqrt{3}\,(3-\sin\varphi)} \tag{4.41}$$

4.3.3 流动法则

流动法则确定材料处于屈服状态时塑性应变增量。塑性损伤模型非关联流动法则可表示为

$$\varepsilon^{pl} = \lambda\,\frac{\partial G(\bar{\sigma})}{\partial\bar{\sigma}} \tag{4.42}$$

式中 ε^{pl}——塑性应变;

     λ——塑性流动因子。

流动势函数 G 取德鲁克-普拉格准则双曲函数形式:

$$G = \sqrt{(\varepsilon\sigma_{t0}\tan\varphi)^2 + \bar{q}^2} - \bar{p}\tan\varphi \tag{4.43}$$

式中 φ——混凝土屈服面在强化过程中的膨胀角,由高压应力约束条件 $\bar{p}$-$\bar{q}$ 关系测量;

     ε——离心率参数;

     σ_{t0}——单轴抗拉强度。

4.3.4 损伤演化

如图 4.13(a)所示,单轴受拉时,当混凝土拉应力超过抗拉强度 σ_{t0} 后进入软化阶段,在软化阶段混凝土损伤开裂,同时伴随着材料刚度的退化。其中开裂应变 $\tilde{\varepsilon}_t^{ck} = \varepsilon_t - \varepsilon_{0t}^{el}$,$\varepsilon_{0t}^{el} = \sigma_t/E_0$。

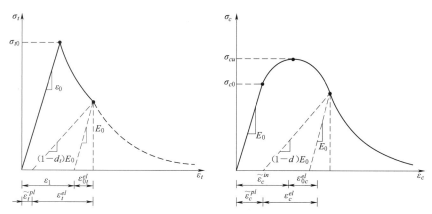

（a）混凝土单轴受拉应力-应变及开裂应变关系   （b）混凝土单轴受压应力-应变及非弹性应变关系

图 4.13   混凝土单轴受拉应力-应变与单轴受压应力-应变关系图

塑性应变为

$$\tilde{\varepsilon}_t^{pl} = \tilde{\varepsilon}_t^{ck} - \frac{d_t}{1-d_t}\cdot\frac{\sigma_t}{E_0} \tag{4.44}$$

式中 d_t——受拉损伤因子;

E_0——初始弹性模量;

σ_t——总应变对应的拉应力。

由图 4.13（a）可以看出：当从曲线软化阶段卸载时，卸载响应明显变弱，随着塑性应变的增加，损伤程度越来越显著。混凝土的刚度退化由单轴损伤变量 d_t 控制。

$$d_t = d_t(\widetilde{\varepsilon}_t^{pl}, \dot{\widetilde{\varepsilon}}_t^{pl}, \theta, f_t)(0 \leqslant f_t \leqslant 1) \tag{4.45}$$

$$\widetilde{\varepsilon}_t^{pl} = \int_0^t \dot{\widetilde{\varepsilon}}_t^{pl} \, dt$$

式中 $\dot{\widetilde{\varepsilon}}_t^{pl}$——受拉等效塑性应变率;

$\widetilde{\varepsilon}_t^{pl}$——等效塑性应变;

θ——温度;

$f_i(i=1,2,3,\cdots)$——其他的预定义变量。

当损伤因子 $d_t = 0$ 时，表示材料完好；当 $0 < d_t < 1$ 时，表示材料处于不同的损伤阶段。

单轴受拉应力-应变关系可表示为

$$\sigma_t = (1 - d_t)E_0(\varepsilon_t - \widetilde{\varepsilon}_t^{pl}) \tag{4.46}$$

图 4.13（b）为单轴受压情况下，应力未达到 σ_{c0} 时，应力-应变为线性关系，进入塑性状态后先是出现硬化，在大袋极限抗压强度后进入软化阶段，单轴受压应力-应变关系可表示为

$$\sigma_c = (1 - d_c)E_0(\varepsilon_c - \widetilde{\varepsilon}_c^{pl}) \tag{4.47}$$

式中 d_c——受压损失因子，取值在 0（无损伤）到 1（完全损伤）之间。

4.4 工 程 实 例

以西南强震区某高碾压混凝土重力坝某溢流坝为研究对象，坝底高程为 2445m，坝顶高程为 2564m，基岩范围取坝底宽的 1.5 倍。为考虑坝与库水动力相互作用，依据 Westergaard 公式在坝面设置了质量单元，ABAQUS 采用其用户自定义单元，自编 Matlab 程序实现。重力坝坝体与地基有限元模型如图 4.14 所示，x 向为顺河向，指向下游为正；y 向为竖河向，指向上为正；z 向为横河向，指向右岸为正。

根据《水工建筑物抗震设计标准》（GB 51247—2018）规定，混凝土动态强度比静态强度提高 30%，动抗拉强度取动抗压强度标准值的 10%，重力坝常态混凝土强度标准值取 90 天龄期强度，碾压混凝土强度标准采用 180 天龄期强度，保证率为 80%。各标号混凝土材料参数见表 4.1 和表 4.2。

经计算，大坝前 20 阶的累计模态参与质量已超过总质量的 90%以上，所以进行振型叠加反应谱分析时提取前 20 阶模态已能满足计算精度要求，坝体自振频率见表 4.3。

表 4.1　　　　　　　　　　　　　　　材 料 参 数 表

材　料	$\rho/(\mathrm{kg/m^3})$	E/GPa	动弹模 E_d/GPa	动泊松比 ν
常态混凝土 $C_{90}20$	2408	28.0	36.40	0.17
常态混凝土 $C_{90}25$	2400	29.0	37.70	0.17
碾压混凝土 $C_{180}25$	2403	28.5	37.05	0.18
碾压混凝土 $C_{180}20$	2445	27.5	35.75	0.18
碾压混凝土 $C_{180}15$	2445	26.5	34.45	0.18
基岩	2700	18	30.62	0.28

表 4.2　　　　　　　　　　各标号混凝土的抗拉、抗压强度标准值

参　数	常态 $C_{90}20$	常态 $C_{90}25$	碾压 $C_{90}25$	碾压 $C_{180}20$	碾压 $C_{180}15$
静抗压强度标准值/MPa	13.2	16.50	18.64	14.91	11.18
动抗压强度标准值/MPa	17.16	21.45	24.23	19.38	14.53
动抗拉强度标准值/MPa	1.72	2.15	2.42	1.94	1.45

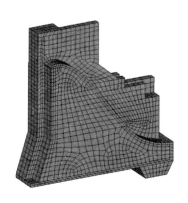

（a）坝体与地基　　　　　　　　　　　　　　　　（b）坝体

图 4.14　重力坝坝体与地基有限元模型

表 4.3　　　　　　　　　　　　　　　坝 体 自 振 频 率　　　　　　　　　　　　单位：Hz

阶次	1	2	3	4	5	6	7	8	9	10
空库	1.34	3.34	3.79	4.10	6.00	6.15	7.13	7.73	9.28	10.25
满库	1.34	2.81	3.77	4.07	5.88	5.99	6.47	7.42	9.15	10.24
阶次	11	12	13	14	15	16	17	18	19	20
空库	10.48	11.73	12.03	12.56	14.83	15.35	15.80	17.04	17.61	18.76
满库	10.29	10.89	11.74	12.31	13.93	14.39	15.29	15.65	16.35	16.38

　　通过计算结果可知，模型的第二阶振型为坝体沿顺河向振动，由于地震动水压力的影响，坝体的自振频率由 3.34Hz 降为 2.81Hz，降幅为 16%，说明库水对坝体自振特性的影响是明显的，水体的作用相当于在坝面上施加了一层质量，从而降低了坝体的自振频

率，延长大坝的振动周期。空库和满库情况下坝体基频对应自振周期分别为 0.33s 和 0.40s，远离地震卓越周期（特征周期 0.2s，按规范谱对应卓越频率为 5～10Hz），对于坝体抗震设计是有利的。

4.4.1 反应谱法设计地震响应

（1）自重。

常态混凝土密度：2500kg/m³。

碾压混凝土密度：2520 kg/m³。

（2）水荷载。

上游水位正常蓄水位：2560.00m。

（3）泥沙荷载。

泥沙淤积高程为 2503.3m，浮容重为 6.0kN/m³，淤沙内摩擦角为 120°。

（4）扬压力。

河床坝段坝基扬压力强度系数 $\alpha=0.25$，岸坡坝段坝基扬压力强度系数 $\alpha=0.35$。坝体内排水管处扬压力强度系数 $\alpha=0.20$。

（5）浪压力。

多年平均最大风速：14m/s，有效吹程 1km。

根据《水电工程水工建筑物抗震设计规范》（NB 35047—2015），重力坝特征周期 $T_g=0.2$s，加速度放大系数 $\beta_{max}=2.0$，50 年超越概率 10% 的基岩水平峰值加速度为 0.136g，用于反应谱计算的规范谱如图 4.15 所示。

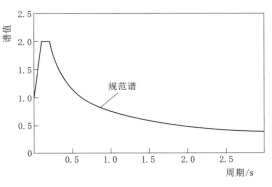

图 4.15　大坝抗震计算规范谱曲线

表 4.4 分别列出了坝体特征位置处的应力计算结果。图 4.16 为坝段坝体的应力分布等值线。

表 4.4	坝体特征位置竖向正应力计算结果				单位：MPa
应力类型	计算方案	坝踵	坝趾	上游折坡点	下游折坡点
竖向正应力	静力荷载＋设计地震	5.43	0.20	0.61	−0.09
	静力荷载−设计地震	0.74	−0.65	−1.63	−0.47
第一主应力	静力荷载＋设计地震	7.28	1.24	1.98	0.45
	静力荷载−设计地震	2.58	0.47	1.54	0.02
第三主应力	静力荷载＋设计地震	−4.77	−8.45	−1.86	−0.39
	静力荷载−设计地震	−7.36	−12.10	−4.80	−0.94

从计算结果可以看出，按规范谱计算，设计地震工况下，坝踵附近局部范围出现较大的主拉应力，建基面其他部位拉应力水平较低。坝踵主拉应力为 7.28MPa，拉应力值比较大。坝段为溢流坝段与中孔坝段过渡坝段，坝型结合部位拉应力突出，有应力集中的原因。上游折坡点处，拉应力也比较明显，该部位主拉应力为 1.98MPa。在坝趾、坝型过

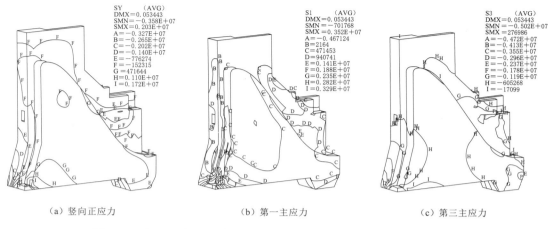

（a）竖向正应力   （b）第一主应力   （c）第三主应力

图 4.16　坝段规范谱设计地震工况坝体应力分布等值线图（单位：Pa）

渡上游侧角缘位置、闸墩与坝体结合部位等角缘位置有较明显的拉应力，应力计算值低于上游折坡点处应力，根据应力分布云图看，有明显的应力集中现象。

根据坝体第一主应力分布等值线图，对于规范谱设计地震工况，坝体的主拉应力只有坝踵局部位置超过了混凝土的抗拉强度［坝踵部位，$f_t/(\gamma_0\varphi\gamma_d)=1.72/(1.0\times0.85\times0.7)=2.89(\text{MPa})$］。

4.4.2　不同人工边界的高混凝土重力坝地震动响应

设计地震基岩水平峰值加速度 $0.136g$，竖向峰值加速度取为水平向的 2/3，采用《水电工程水工建筑物抗震设计规范》（NB 35047—2015）标准反应谱合成设计地震人工地震波，即"规范波"，归一化的加速度"规范波"如图 4.17 所示。

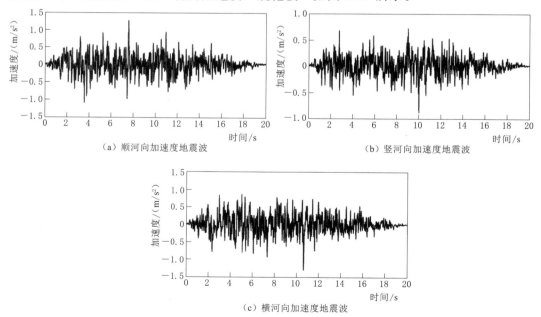

（a）顺河向加速度地震波   （b）竖河向加速度地震波

（c）横河向加速度地震波

图 4.17　规范谱生成的归一化人工加速度地震波

地震动力计算时，为反映坝体与地基的相互作用，考虑无质量地基、无限元人工边界和黏弹性人工边界三种边界条件。

4.4.2.1　无质量地基

无质量地基模型，地基上下游截断边界水平法向约束，底部固定约束。各应力分量最大值时刻坝体应力分布如图 4.18 所示（见文后彩插），x、y 向绝对位移沿高程分布曲线如图 4.19 所示。

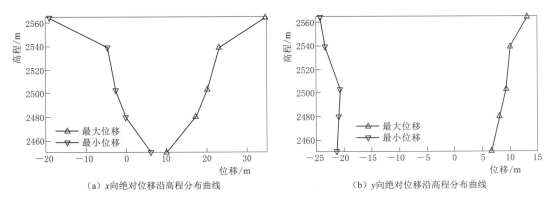

（a）x 向绝对位移沿高程分布曲线　　　　　（b）y 向绝对位移沿高程分布曲线

图 4.19　x、y 向绝对位移沿高程分布曲线

从图 4.18 可以看出，坝踵部位竖向正应力和剪应力计算值最大值分别为 6.035MPa 和 3.488MPa。根据各向应力计算值，坝踵部位主拉应力主要由竖向正应力引起，坝踵最大拉应力为 8.109MPa。上游折坡点附近最大拉应力为 2.136MPa。边墙下游折坡点最大拉应力为 2.278MPa，坝趾最大压应力为 5.576MPa，未超过混凝土抗压强度。根据坝体第一主应力分布图，坝体的主拉应力只有坝踵及坝趾齿槽局部区域超过了混凝土的抗拉强度，且范围十分有限。

从图 4.19 可以看出，坝体上游节点的 x、y 向位移均随着高程的增加，相应的位移幅值也随着增加，这一现象符合"鞭梢效应"的规律，即结构顶部的位移或者加速响应要相比结构下部具有放大效应。

4.4.2.2　无限元人工边界模型

无限元人工边界模型考虑在有限域模型的外部设置无限元，静力计算时，无限元提供弹性支撑，动力计算时通过无限元考虑地基辐射阻尼的影响，有限域地基考虑其质量与阻尼，但不计其重力作用，无限元人工模型如图 4.20 所示，各应力分量最大值时刻坝体应力分布图如图 4.21 所示（见文后彩插）。

从图 4.21 可以看出，坝踵部位竖向正应力和剪应力计算值最大值分别为 5.727MPa 和 2.863MPa。同无质量地基相同，坝踵部位主拉应力主要由竖向正应力引起，坝踵最大拉应力为 7.589MPa。上游折坡点附近，最大拉应力为 1.590MPa，边墙下游折坡点最大拉应力为 2.012MPa，坝趾最大压应力为 5.496MPa，未超过混凝土抗压强度。根据坝体第一主应力分布图，坝体的主拉应力只有坝踵及坝趾齿槽局部区域超过了混凝土的抗拉强度，且范围十分有限。

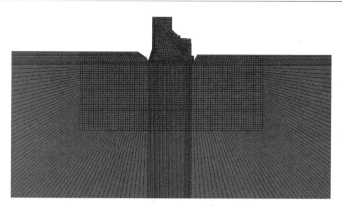

图 4.20　无限元人工模型

4.4.2.3　黏弹性人工边界模型

黏弹性人工边界模型考虑在有限域模型的外部设置黏弹性元，动力计算时通过无限元考虑地基辐射阻尼的影响，有限域地基考虑其质量、刚度与阻尼，但不计其重力作用。黏弹性人工边界有限元模型如图 4.22 所示，各应力分量最大值时刻坝体应力分布如图 4.23 所示（见文后彩插）。

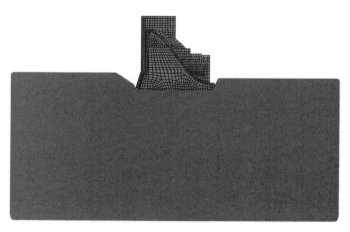

图 4.22　黏弹性人工边界有限元模型

由图 4.23 可以看出，黏弹性边界和无限元边界结果大致相同，坝踵部位竖向正应力和剪应力计算值最大值分别为 3.987MPa 和 2.842MPa。根据各向应力计算值，坝踵部位主拉应力主要由第一主应力引起，坝踵最大拉应力为 7.534MPa。上游折坡点附近，最大拉应力为 0.391MPa。边墙下游折坡点最大拉应力为 1.188MPa。坝趾最大压应力为 −5.443MPa，未超过混凝土抗压强度。根据坝体第一主应力分布图，坝体的主拉应力只有坝踵及坝趾齿槽局部区域超过了混凝土的抗拉强度，且范围十分有限。

4.4.2.4　方法对比

选取大坝建基面与基岩交界处的坝踵位移为参考点，求得坝体在地震作用下所产生的相对位移大小。提取出各个相对位移时程点中的最大值和最小值，见表 4.5。图 4.24 为不同边界条件下坝顶相对坝踵位移幅值比较成果图。

表 4.5		不同边界条件下线弹性模型沿高程分布的相对位移值					
边界条件	H 高程/m	x 向位移/mm			y 向位移/mm		
		max	min	幅值	max	min	幅值
无质量地基	2564	24.59	−25.1	49.69	6.52	2.31	4.21
	2539.12	13.21	−10.71	23.92	1.61	−2.06	3.67
	2503	10.22	−8.77	18.99	2.66	0.65	2.01
	2480	7.23	−6.2	13.43	1.45	0.47	0.98
	2450	0	0	0	0	0	0
无限元地基	2564	12.54	−6.67	19.21	−1.45	−4.58	3.13
	2539.12	11.07	−3.8	14.87	−1.27	−3.39	2.12
	2503	2.65	−4.78	7.43	−1.02	−1.87	0.85
	2480	0.41	−1.46	1.87	−0.52	−1.06	0.54
	2450	0	0	0	0	0	0
黏弹性边界	2564	13.15	−5.14	18.29	−1.32	−4.53	3.21
	2539.12	11.20	−2.77	13.97	−1.21	−3.62	2.41
	2503	2.96	−3.59	6.55	−0.98	−1.96	0.98
	2480	0.47	−0.45	0.92	−0.41	−1.04	0.63
	2450	0	0	0	0	0	0

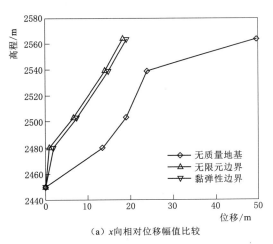

（a）x向相对位移幅值比较

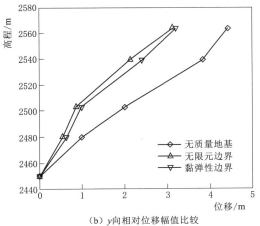

（b）y向相对位移幅值比较

图 4.24　不同边界条件下的位移幅值比较

由表 4.5 可知，随着高程的增加，相对位移幅值也有所增加；无限元和黏弹性人工边界的相对位移幅值非常接近，而且均比无质量地基的幅值有很大程度的减小。因此，无限元和黏弹性人工边界模拟的位移响应结果精度大致相同，且均比条件有较大程度减少。无质量地基所得的地震响应较大，计算结果相对比较保守，在较重要的工程中可以作为保守计算；同时为了兼顾经济性和合理性，黏弹边界和无限元边界的结果较为合理。

在坝体的关键部位现踵、现址、上游折坡以及下游折坡处，考虑不同边界条件下重力坝地震作用结构响应，表 4.6 列出三种边界条件下模型关键部位的应力响应。

表 4.6　　　　　三种边界条件下模型关键部位的应力对比　　　　　单位：MPa

边界条件	位　置		坝踵	坝趾	上游折坡点	边墙下游折坡点	边墙下游折坡处
无质量地基	顺河向正应力	max	−0.27	0.27	−0.43	−0.02	0.08
		min	−2.25	−1.39	−1.12	−0.08	−0.03
	竖河向正应力	max	3.89	1.46	−0.12	−0.39	0.50
		min	−9.92	−6.92	−5.42	−0.49	−1.77
	水平剪应力	max	2.02	4.62	0.12	0.14	1.02
		min	−3.47	−2.63	−0.26	−0.02	−1.01
	第一主应力	max	7.59	4.24	0.26	−0.02	1.25
	第三主应力	min	−13.62	−10.12	−5.34	−0.51	−13.71
无限元边界	顺河向正应力	max	2.73	0.16	0.07	0.01	−0.25
		min	−1.24	−0.43	−0.82	−0.02	−0.38
	竖河向正应力	max	0.24	0.02	0.02	−0.01	6.68
		min	−4.12	−2.01	−4.26	−0.49	0.52
	水平剪应力	max	0.12	0.51	0.05	0.13	1.82
		min	−5.33	0.08	−0.28	−0.07	−5.88
	第一主应力	max	7.42	0.22	3.12	0.03	6.52
	第三主应力	min	−4.95	−2.24	−4.62	−0.51	−1.84
黏弹性边界	顺河向正应力	max	2.71	0.14	0.08	0.01	−0.26
		min	−1.22	−0.46	−0.79	−0.02	−0.35
	竖河向正应力	max	0.26	0.02	0.02	−0.01	6.68
		min	−4.12	−2.01	−4.26	−0.49	0.52
	水平剪应力	max	0.12	0.51	0.05	0.13	1.85
		min	−5.39	0.08	−0.28	−0.07	−5.88
	第一主应力	max	7.54	0.26	3.15	0.08	6.52
	第三主应力	min	−4.95	−2.23	−4.68	−0.54	−1.82

　　无质量地基采用刚性约束的方式，相当于人工放大地基的刚度，在地震响应下，应力结果比较大，坝踵处的第一主应力最大为 8.10MPa，表现为受拉破坏，其他部位也出现不同程度的拉应力，说明在无质量地基条件下地震响应结果比较大。无限元边界和黏弹性边界的应力结果比较接近，坝踵和坝趾的受拉情况得到明显改善，其他主要应力也得到了不同程度的减小，竖向力基本为负，坝体混凝土一直处于受压状态。无限元边界和黏弹性边界均考虑了地基的辐射阻尼效应，能够真实地反映坝体的动力响应，数值模拟精度较高，也更符合实际。

4.4.3　重力坝地震非线性损伤

　　已有震害表明，强震条件下，坝体混凝土会出现裂缝，以线弹性材料模型为基础的最大应力准则已不能满足研究高混凝土坝的抗震性能，因此考虑混凝土材料非线性，揭示强震条件下高混凝土坝的地震反应具有重要意义，是近年来高坝抗震学科的重要发展趋势。2015 年颁布的能源行业标准《水电工程水工建筑物抗震设计规范》（NB/T 35047—2015）规定，对于工程抗震设防为甲类，或者结构复杂或地质条件复杂的重力坝进行有限元法分析时，应考虑材料的非线性影响。

混凝土材料的非线性主要是两种不同机制的能量耗散的结果，即微裂缝的产生、扩展和交汇与微裂缝界面的摩擦滑动。微裂缝的产生、扩展和交汇引起刚度降低、应变软化，即引起材料损伤；同时，微裂缝界面的摩擦滑动会产生不可恢复变形。目前，针对混凝土坝体非线性研究，在数值计算方面主要采用两种方法建立混凝土模型。一种是基于断裂力学分析模型，如离散裂缝模型，这些模型可以预测坝体裂缝的扩展及坝体的非线性分析，但存在一定的局限性，如：实际混凝土坝体在地震作用下可能产生大量的微裂缝，裂缝尖端也并不存在均匀的应力场，这与经典的断裂力学基本假定相悖；此外，裂纹扩展需要有限元网格重构导致数值计算效率降低。另一种是基于弥散裂缝的假定提出的分析模型，其与损伤力学基本理论相结合，多种分析模型被提出，其中以 Lee 提出的混凝土损伤塑性模型应用最广。

另外，由于混凝土的抗拉强度通常取为其抗压强度的 1/10，一般认为混凝土受拉损伤的发生先于受压损伤，因此目前很多研究在进行坝体材料动态损伤非线性分析时，主要考虑其受拉损伤，而忽略受压损伤的影响。但随着越来越多高混凝土坝的出现，尤其是在强震区坝址地震动峰值加速度越来越高的情况下，坝趾部位的静、动综合压应力数值往往超过混凝土的抗压强度，这时受压损伤是可能出现的，因此，有必要考虑混凝土受压损伤对大坝的损伤破坏模式和极限抗震能力评价影响。本章采用有限元软件 ABAQUS 提供的CDP 模拟混凝土准脆性材料在循环荷载作用下的动态受压、拉损伤演化规律，如图 4.25所示。

从图 4.26（见文后彩插）可以看出，考虑材料的非线性后，各应力分量最大值时刻坝体应力分布与黏弹性边界不考虑材料非线性的结果相比应力集中的现象有所改善，两者关键位置的应力结果相差不大，因为地震的设计加速度不大，应力量级不大，并没有达到材料的塑性和损伤阶段，所以结果比较相近，也验证本工程在设计地震作用下是安全的。

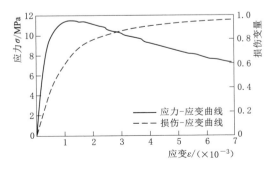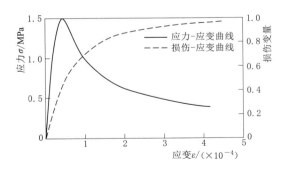

（a）C20 常态混凝土动态受压、拉损伤演化规律曲线

图 4.25（一） 不同碾压混凝土动态受压、拉损伤演化规律曲线

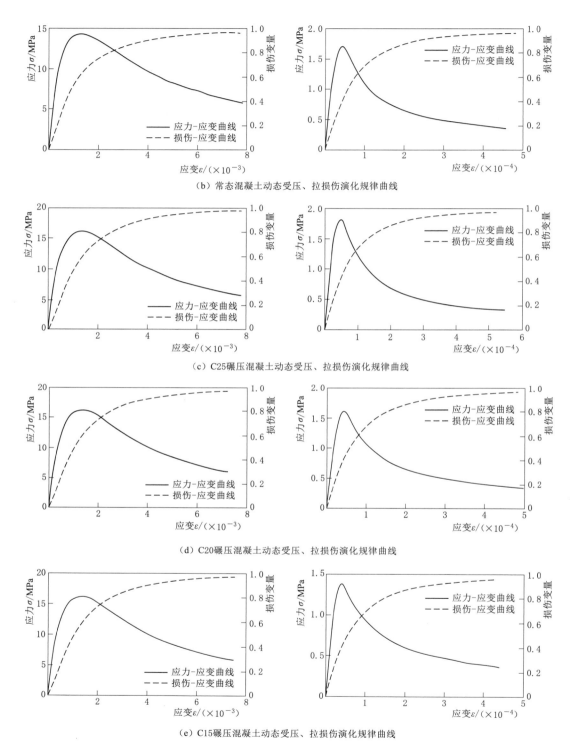

（b）常态混凝土动态受压、拉损伤演化规律曲线

（c）C25碾压混凝土动态受压、拉损伤演化规律曲线

（d）C20碾压混凝土动态受压、拉损伤演化规律曲线

（e）C15碾压混凝土动态受压、拉损伤演化规律曲线

图 4.25（二）　不同碾压混凝土动态受压、拉损伤演化规律曲线

4.5　小　　结

本章基于波在弹性均匀介质中传播理论，推导在黏弹性人工、无限元边界上各节点荷载，将加速度、位移转化为等效节点应力，并得到有限元模型集中荷载时程，实现计算模型人工边界节点上荷载的快速生成和准确施加，通过小算例比较黏弹性、无限元人工边界和理论值，验证程序的有效性，并应用至某西南重力坝工程实例对比三种不同边界条件下重力坝的地震动响应，得出以下结论：

（1）无质量地基采用刚性约束的方式，相当于人工放大地基的刚度，在地震响应下，应力结果比较大，坝踵处表现为受拉破坏，其他部位也出现不同程度的拉应力，说明在无质量地基条件下地震响应结果比较大。无限元人工边界和黏弹性人工边界的应力结果比较接近，坝踵和坝趾的受拉情况得到明显改善，其他主要应力也得到了不同程度的减小，坝体混凝土一直处于受压状态。因此，无质量地基模型计算成果偏于保守，地基辐射阻尼及地震波的幅差相差对消减坝体地震反应有显著影响。考虑辐射阻尼效应后结构地震响应与无质量地基模型相比会有大幅降低，为了充分利用材料强度，在实际工程抗震设计时应予以适当考虑。

（2）三种不同边界条件下坝体最大主应力出现在坝踵，因线弹性模型未考虑坝基交界面的开裂，拉应力不能得到释放，因此在地震作用下，坝踵局部的最大拉应力较大。同时，考虑地基辐射阻尼后坝踵主拉应力一般低于反应谱法计算结果，且远低于无质量地基模型时程法计算结果。根据坝体主拉应力分布图可知，各种方法计算设计地震工况，坝体的主拉应力只有坝踵局部位置超过了混凝土的抗拉强度，范围十分有限。

（3）当地震的设计加速度不大，并没有达到材料的塑性和损伤阶段时，考虑材料的非线性后，坝体各关键位置应力分布与不考虑材料非线性的结果相比应力集中的现象有所改善，两者关键位置的应力结果相差不大。

本 章 参 考 文 献

［1］　陈厚群. 混凝土高坝强震震例分析和启迪［J］. 水利学报，2009，40（1）：10-18.

［2］　郭胜山. 基于并行计算的混凝土坝-地基体系地震损伤破坏过程机理和定量评价准则研究［D］.
　　　北京：中国水利水电科学研究院，2013.

［3］　杨旭. 高碾压混凝土重力坝地震响应分析与抗震性能评估研究［D］. 郑州：郑州大学，2021.

［4］　姜袁，陈灯红，姚艳华. 有限元-无限元法在重力坝应力分析中的应用［J］. 武汉大学学报（工学版），2009，42（3）：322-325.

［5］　朱贺. 碾压混凝土重力坝动力稳定非线性分析［D］. 大连：大连理工大学，2014.

［6］　CLOUGH R W. The Finite Element Method in Plane Stress Analysis［C］// Asce Conference on Electronic Computation. 1960.

［7］　陶磊. 工程结构考虑地基-结构动力相互作用影响的地震响应分析［D］. 西安：西安理工大学，2017.

［8］　廖振鹏，黄孔亮，杨柏坡，等. 暂态波透射边界［J］. 中国科学（A辑 数学 物理学 天文学 技术

科学），1984（6）：556－564.

[9] LYSMER J，KUHLEMEYER A M. Finite dynamic model for infinite media [J]. Journal of the Engineering Mechanics Division，1969，95.

[10] DEEKS A J，RANDOLPH M F. Axisymmetric time－domain transmitting boundaries [J]. Journal of Engineering Mechanics，1994，120 (1)：25－42.

[11] 刘晶波，吕彦东. 结构-地基动力相互作用问题分析的一种直接方法 [J]. 土木工程学报，1998 (3)：55－64.

[12] 王振宇. 大型结构-地基系统动力反应计算理论及其应用研究 [D]. 北京：清华大学，2002.

[13] 王海波，涂劲，李德玉. 室内动力模型试验中辐射阻尼效应的模拟 [J]. 水利学报，2004（2）：39－44，49.

[14] 杜修力，陈厚群，侯顺载. 拱坝-地基系统的三维非线性地震反应分析 [J]. 水利学报，1997 (8)：8－15.

[15] 杜修力. 局部解耦的时域波分析方法 [J]. 世界地震工程，2000，16（3）：22－26.

[16] 张凌晨. 碾压混凝土重力坝动力模型试验及数值模拟分析 [D]. 大连：大连理工大学，2016.

[17] 陈厚群，张艳红. 评判混凝土高坝地震灾变的关键问题探讨 [J]. 水利水电科技进展，2011，31 (4)：8－12.

[18] 闫春丽，涂劲，李德玉，等. 两种非线性模型下重力坝强震破坏机理研究 [J]. 水力发电，2022，48（3）：53－59，93.

[19] 郝明辉，张艳红. 材料非线性对坝体-地基体系地震响应的影响 [J]. 水利学报，2014，45 (S1)：124－129.

[20] 郝明辉，陈厚群，张艳红. 基于材料非线性的坝体-地基体系损伤本构模型研究 [J]. 水力发电学报，2011，30（6）：30－33，116.

[21] 何建涛，马怀发，张伯艳，等. 黏弹性人工边界地震动输入方法及实现 [J]. 水利学报，2010，41（8）：960－969.

[22] J. Lee，G. L. Fenves. A Plastic－Damage Model for Cyclic Loading of Concrete Structures [J]. Journal of Engineering Mechanics，1998，124（8），892－900.

第 5 章　地震波斜入射下混凝土重力坝地震特性研究

5.1　引　　言

随着人类对水电能源需求的增大，越来越多的水利工程规划和修建在近断层区域，水利工程遭遇近断层地震的概率随之增加，高坝的抗震安全评价遭遇严峻的挑战[1-2]。以往大坝安全性评价在地震输入机制方面考虑略有不足，高坝坝趾地震动参数确定方法复杂，用有限元方法模拟结构地震响应时，多将坝体-地基体系作为封闭系统，采用一致性激励方法的地震动输入机制，未考虑行波效应和地基能力辐射[3]。为此，刘晶波等[4] 结合球面波动理论推导三维黏弹性人工边界，并经波动问题转换为等效荷载的输入。波动输入方法较封闭系统改进很大，但由于地震波经过地壳中复杂介质时要进行多次折射、反射，很难确定入射方向，目前多假定为垂直向上的平面波进行输入，这对于远场波动是合理的，但当工程场地距震源较近时，地震波并非垂直入射，而是以不确定的角度斜向上入射，地震动呈现更为复杂的空间变化特性[5-7]。由于大型结构和新建坝区地形的复杂性，单一方向的垂直入射无法真实反映地震输入状态，地震波斜入射引起的地面运动非一致变化对大型工程结构的地震响应有显著的影响[8-9]，因此，近断层区域坝体抗震评价有必要考虑地震波的斜入射。

苑举卫等[10] 将地表地震动时程分量分解为斜入射的平面 SV 波和 P 波，证明斜入射对重力坝有结构影响，尤其是在坝-基交界面上；孙奔博等[11] 研究平面 SV 波斜入射下重力坝的地震响应，表明入射角度对坝体位移和应力有显著影响；何卫平等[12] 研究了斜入射地震动确定性空间差异对重力坝动力响应和破坏模式的影响，但目前针对混凝土重力坝结构在斜入射地震波影响下的分析仅局限于线弹性分析阶段，难以预知强震下坝体的真实破坏形态[13-14]。目前，Lubinear[15] 等提出的混凝土塑性损伤模型是发展最成熟的非线性材料模型，国内外许多学者都基于此进行了研究和改进。沈怀至等[16] 在弹塑性损伤力学的基础上，建立了一种坝体地震破坏评价模型并验证它的合理性；范书立等[17] 采用塑性损伤力学对混凝土重力坝进行动力分析，建立包含能量特性的大坝整体损伤评价指标，但目前还没广泛应用到斜入射等复杂地震动输入机制下坝体的响应分析中。

本章针对混凝土重力坝在斜入射地震波下响应研究存在的不足，以 Koyna 和西南某重力坝为例，建立坝体-库水-地基三维有限元动力模型，将地震动输入转化为作用于黏弹性人工边界的等效节点荷载，结合混凝土塑性损伤模型，分析考虑 P 波、SV 波、SH 波多角度斜入射下坝体的非线性动力响应，针对坝体关键点位移、应力和坝体损伤重点分析，提出斜入射下地震动破坏模型，基于损伤指标及等级对震后坝体破坏进行安全评价，为重力坝在斜入射下混凝土非线性动力响应提供一定的理论依据，示意图如图 5.1 所示。

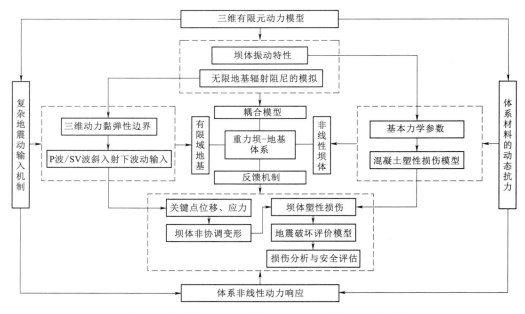

图 5.1　地震波斜入射下混凝土重力坝地震特性示意图

5.2　二维半空间场地的地震波斜入射

采用黏弹性边界结合等效节点荷载的地震动输入方法，即把地基边界上自由场运动转化为边界节点上的等效节点荷载。

5.2.1　P 波斜入射

考虑 P 波以 α 角入射，P 波斜入射示意图如图 5.2 所示。设入射 P 波的位移为 $u_p(t)$，设地基有限域高度为 H，宽度为 L，反射 P 波与反射 SV 波的反射角分别为 α 和 β，波速分别为 C_P、C_S，反射 P 波与反射 SV 波与入射 P 波幅值的比值分别为 A_1 和 A_2[18]。

对于下人工边界，考虑波传播过程中的延迟，假设边界上任意一点 $(x，0)$（其中 $0 \leqslant x \leqslant L$）入射 P 波相对波阵面的时间延迟为 Δt_1，则

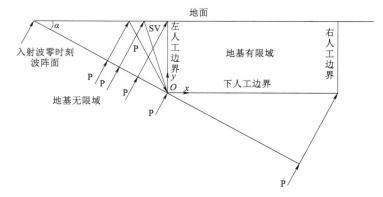

图 5.2　平面 P 波斜入射模型

$$\Delta t_1 = \frac{x\sin\alpha}{c_p} \tag{5.1}$$

由于下人工边界节点上自由波长的位移仅由入射 P 波构成，则在边界结点上自由波场水平与竖直位移 $u_d(x,y,t)$ 和 $v_d(x,y,t)$ 为

$$u_d(x,y,t) = u_p(x,y,t-\Delta t_1)\sin\alpha$$
$$v_d(x,y,t) = u_p(x,y,t-\Delta t_1)\cos\alpha \tag{5.2}$$

对于左人工边界，考虑波传播过程中的延迟，假设边界上任意一点（0，y）（其中 $0 \leqslant y \leqslant H$），入射 P 波、反射 P 波、反射 SV 波相对于波阵面的时间延迟分别为 Δt_2、Δt_3、Δt_4：

$$\left.\begin{array}{l} \Delta t_2 = \dfrac{y\cos\alpha}{c_p} \\[2mm] \Delta t_3 = \dfrac{(2H-h)\cos\alpha}{c_p} \\[2mm] \Delta t_4 = \dfrac{[H\cos\alpha-(H-h)\tan\beta_1\sin\alpha]}{c_p} + \dfrac{(H-h)}{c_s\cos\beta_1} \end{array}\right\} \tag{5.3}$$

对于左人工边界结点上自由波场的位移由入射 P 波、反射 P 波、反射 SV 波构成，边界上节点的自由波水平位移 $u_{\text{left}}(x,y,t)$ 和竖直位移 $v_{\text{left}}(x,y,t)$ 为

$$u_{\text{left}}(x,y,t) = u_p(x,y,t-\Delta t_2)\sin\alpha + A_1 u_p(x,y,t-\Delta t_3)\sin\alpha_1 + A_2 u_p(x,y,t-\Delta t_4)\cos\beta_1$$
$$v_{\text{left}}(x,y,t) = u_p(x,y,t-\Delta t_1)\cos\alpha - A_1 u_p(x,y,t-\Delta t_3)\cos\alpha_1 + A_2 u_p(x,y,t-\Delta t_4)\sin\beta_1 \tag{5.4}$$

为了计算自由波场传播应力，引入局部坐标系（ξ，η），ξ 为波的传播方向，η 为传播方向的法线方向，对于平面 P 波在均匀弹性介质中的传播应力表示为

$$\sigma_\xi = (\lambda+2G)\frac{\partial u_\xi}{\partial\xi} = -\frac{(\lambda+2G)}{c_p}\dot{u}_\xi$$
$$\sigma_\eta = \lambda\frac{\partial u_\xi}{\partial\xi} = -\frac{\lambda}{c_p}\dot{u}_\xi \tag{5.5}$$

式中　λ——拉梅常数；

G——剪切模量；

ξ——波的传播方向；

η——传播方向的法线方向。

平面 SV 波在均匀弹性介质中的传播应力为

$$\tau_{\xi\eta} = G\frac{\partial u_\eta}{\partial\xi} = -\frac{G}{c_s}\dot{u}_\xi \tag{5.6}$$

将波场的传播应力由局部坐标系转化为全局坐标系，以此求得在人工边界上的应力。

在下人工边界上，直接入射 P 波引起的 xy 方向的剪应力 τ_{xy} 和 y 方向的正应力 σ_y 为

$$\left.\begin{array}{l} \tau_{xy} = -(\sigma_\xi-\sigma_\eta)\sin\alpha\cos\alpha = \dfrac{G\sin2\alpha}{c_p}\dot{u}_p(x,y,t-\Delta t_1) \\[3mm] \sigma_y = (\sigma_\xi\cos^2\alpha+\sigma_\eta\sin^2\alpha) = \dfrac{\lambda+2G\cos^2\alpha}{c_p}\dot{u}_p(x,y,t-\Delta t_1) \end{array}\right\} \tag{5.7}$$

左人工边界上，对于入射角为 α 的入射 P 波：

$$\left.\begin{array}{l}\tau_{xy}=-(\sigma_\xi-\sigma_\eta)\sin\alpha\cos\alpha=\dfrac{G\sin2\alpha}{c_p}\dot{u}_p(x,y,t-\Delta t_2)\\[4mm]\sigma_x=-(\sigma_\xi\sin^2\alpha+\sigma_\eta\cos^2\alpha)=\dfrac{\lambda+2G\sin^2\alpha}{c_p}\dot{u}_p(x,y,t-\Delta t_2)\end{array}\right\} \tag{5.8}$$

在左人工边界上，对于反射角为 α_1 的反射 P 波：

$$\tau_{xy}=-(\sigma_\xi-\sigma_\eta)\sin\alpha_1\cos\alpha_1=-A_1\frac{G\sin2\alpha_1}{c_p}\dot{u}_p(x,y,t-\Delta t_3)$$

$$\sigma_x=-(\sigma_\xi\sin^2\alpha_1+\sigma_\eta\cos^2\alpha_1)=-A_1\frac{\lambda+2G\sin^2\alpha_1}{c_p}\dot{u}_p(x,y,t-\Delta t_3) \tag{5.9}$$

在左人工边界上，对于反射角为 β_1 的反射 SV 波：

$$\tau_{xy}=-\tau_{\xi\eta}(\sin^2\beta_1-\cos^2\beta_1)=-A_2\frac{G\cos2\beta_1}{c_p}\dot{u}_p(x,y,t-\Delta t_4)$$

$$\sigma_x=-\tau_{\xi\eta}\sin\beta_1\cos\beta_1=A_2\frac{G\sin2\beta_1}{c_p}\dot{u}_p(x,y,t-\Delta t_4) \tag{5.10}$$

5.2.2 SV 波斜入射

SV 波以 α 角入射，示意图如图 5.3 所示。与 P 波入射分析方法类似，设入射 SV 波的位移为 $u_s(t)$，反射 SV 波与反射 P 波的入射角为 α_1 和 β_1，反射 SV 波和反射 P 波与入射 SV 波幅值的比值分别为 B_1、B_2。

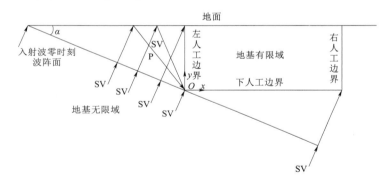

图 5.3 平面 SV 波斜入射模型

对于下人工边界，考虑波传播过程中的延迟，假定边界上任意一点 $(x,0)$（其中 $0 \leqslant x \leqslant L$），入射 P 波相对波阵面的时间延迟为 Δt_5，则

$$\Delta t_5=\frac{x\sin\alpha}{c_s} \tag{5.11}$$

由于下人工边界节点上自由波场的位移仅由入射 SV 波构成，则在边界结点上的自由波场水平和数值位移 $u_d(x,y,t)$ 和 $v_d(x,y,t)$ 为

$$u_d(x,y,t)=u_s(x,y,t-\Delta t_5)\cos\alpha$$

$$v_d(x,y,t)=-u_s(x,y,t-\Delta t_5)\sin\alpha \tag{5.12}$$

对于左人工边界，考虑 SV 波在传播过程中的延迟，假定边界上任意一点 $(0,y)$

（其中 $0 \leqslant y \leqslant H$），入射 P 波、反射 P 波、反射 SV 波相对于波阵面的时间延迟分别为 Δt_6、Δt_7、Δt_8：

$$\Delta t_6 = \frac{y \cos\alpha}{c_s}$$

$$\Delta t_7 = \frac{(2H - h)\cos\alpha}{c_s} \qquad (5.13)$$

$$\Delta t_8 = \frac{[H\cos\alpha - (H - y)\tan\beta_1 \sin\alpha]}{c_s} + \frac{(H - y)}{c_p \cos\beta_1}$$

同理，边界上节点的自由波水平和竖直位移为

$$u_{left}(x, y, t) = u_s(x, y, t - \Delta t_6)\cos\alpha + B_1 u_s(x, y, t - \Delta t_7)\cos\alpha_1 + B_2 u_s(x, y, t - \Delta t_8)\sin\beta_1$$

$$v_{left}(x, y, t) = -u_s(x, y, t - \Delta t_6)\sin\alpha - B_1 u_s(x, y, t - \Delta t_7)\sin\alpha_1 + B_2 u_s(x, y, t - \Delta t_8)\cos\beta_1$$

$$(5.14)$$

与 P 波推导同理，在下人工边界，对于直接入射 SV 波应力为

$$\tau_{xy} = \tau_{\xi\eta}(\sin^2\alpha - \cos^2\alpha) = \frac{G\cos2\alpha}{c_s}\dot{u}_s(x, y, t - \Delta t_5)$$

$$\sigma_y = 2\tau_{\xi\eta}\sin\alpha\cos\alpha = -\frac{G\sin2\alpha}{c_s}\dot{u}_s(x, y, t - \Delta t_5) \qquad (5.15)$$

左人工边界上，对于入射角为 α 的入射波 SV 波：

$$\tau_{xy} = \tau_{\xi\eta}(\cos^2\alpha - \sin^2\alpha) = \frac{G\cos2\alpha}{c_s}\dot{u}_s(x, y, t - \Delta t_6)$$

$$\sigma_x = -2\tau_{\xi\eta}\sin\alpha\cos\alpha = \frac{G\sin2\alpha}{c_s}\dot{u}_s(x, y, t - \Delta t_6) \qquad (5.16)$$

在左人工边界上，对于反射角为 α_1 的反射波 SV 波：

$$\tau_{xy} = \tau_{\xi\eta}(\cos^2\alpha_1 - \sin^2\alpha_1) = \frac{G\cos2\alpha_1}{c_s}\dot{u}_s(x, y, t - \Delta t_7)$$

$$\sigma_x = -2\tau_{\xi\eta}\sin\alpha_1\cos\alpha_1 = \frac{G\sin2\alpha_1}{c_s}\dot{u}_s(x, y, t - \Delta t_7) \qquad (5.17)$$

在左人工边界上，对于反射角为的反射波 P 波：

$$\tau_{xy} = (\sigma_\xi - \sigma_\eta)\sin\beta_1\cos\beta_1 = -B_2\frac{G\sin2\beta_1}{c_p}\dot{u}_s(x, y, t - \Delta t_8)$$

$$\sigma_x = -(\sigma_\xi\sin^2\beta_1 + \sigma_\eta\cos^2\beta_1) = B_2\frac{\lambda + 2G\sin^2\beta_1}{c_p}\dot{u}_s(x, y, t - \Delta t_8) \qquad (5.18)$$

5.2.3　方法验证

在二维无限弹性半空间截取长 4m、高 2m 的有限区域作为计算区域，介质的材料弹性模量 $E = 2.5$，密度 $\rho = 1$，泊松比 $\nu = 0.25$，计算模型如图 5.3（a）所示。选择顶部点 A 和中间点 B 作为监测点，有限元模型地表中心处作用一单脉冲波荷载 $f(t)$，峰值为 1m，时间跨度为 0.5s，其曲线如图 5.3（b）所示，表达式为

$$f(t) = 16\left[G\left(\frac{t}{T_0}\right) - 4G\left(\frac{t}{T_0} - \frac{1}{4}\right) + 6G\left(\frac{t}{T_0} - \frac{1}{2}\right) - 4G\left(\frac{t}{T_0} - \frac{3}{4}\right) + G\left(\frac{t}{T_0} - 1\right)\right] \quad (5.19)$$

式中，$G(x) = (x)^3 H(x)$，$H(t)$ 为 Heaviside 阶梯函数。

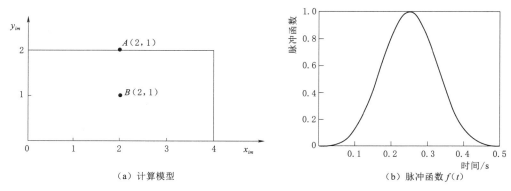

（a）计算模型   （b）脉冲函数 $f(t)$

图 5.3 计算模型和脉冲函数 $f(t)$

P 波、SV 波以 20°倾斜输入时，均匀半空间的位移场云图如图 5.4、图 5.5 所示（见文后彩插），图 5.6、图 5.7 为监测点 A、B 两点的时程位移曲线。

图 5.6、图 5.7 表明当 P 波、SV 波以一倾斜波入射有限元区域，经地表反射产生的反射 P 波和反射 SV 波，并且两者在半空间中相互叠加；数值解与理论解基本吻合，验证了 P 波、SV 波输入的正确性。

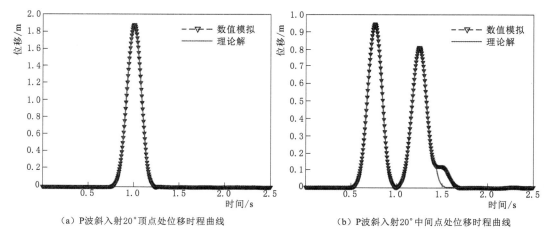

（a）P波斜入射20°顶点处位移时程曲线   （b）P波斜入射20°中间点处位移时程曲线

图 5.6 P 波斜入射 20°监测点处的位移时程曲线

5.2.4 工程实例

取 Koyna 挡水坝为例，地基边界采用 ABAQUS 弹簧和阻尼器单元模拟黏弹性人工边界，静荷载主要为坝体自重和静水压力，动荷载为斜入射实测地震波。地震波 P 波和 SV 波分别从上游地基底部入射，加速度、速度和位移时程曲线如图 5.8 所示。P 波入射角度分别为 0°、15°、30°、45°、60°、75°、90°；SV 波由于具有临界角度（一般取 35°），入射角度取 0°、5°、10°、15°、20°、25°、30°，入射方式和关键点位置如图 5.9 所示。

在材料线弹性假定分析中，混凝土考虑为线弹性，计算中发现坝体下游折坡处产生较大应力，可能发生损伤开裂，因此，对大坝进行非线性时程分析，研究重力坝坝体-地基整体损伤演化规律十分重要。考虑混凝土受压为硬化模型，其应力-应变关系曲线如图 5.10 所示，初始受压屈服强度为 13.0MPa，极限抗压强度为 24.1MPa，混凝土拉应力与

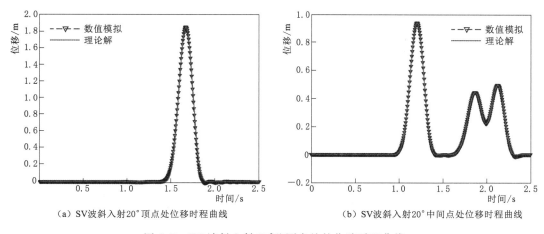

（a）SV波斜入射20°顶点处位移时程曲线　　　　（b）SV波斜入射20°中间点处位移时程曲线

图 5.7　SV 波斜入射 20°监测点处的位移时程曲线

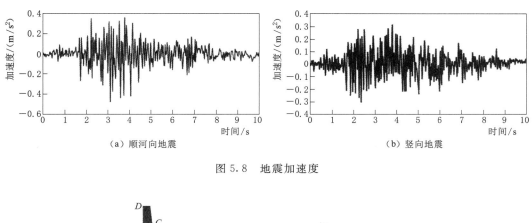

（a）顺河向地震　　　　　　　　　　　（b）竖向地震

图 5.8　地震加速度

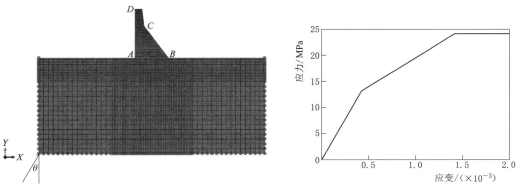

图 5.9　入射方式和关键点位置　　　　图 5.10　混凝土压应力-应变曲线

开裂位移和拉损伤因子与开裂位移关系曲线如图 5.11、图 5.12 所示，抗拉强度为
2.9MPa，混凝土膨胀角为 36.31°，坝体线弹性与损伤塑性地震响应对比结果如图 5.13 所
示（见文后彩插）。

图 5.13 表明，线弹性地震应力分布与损伤塑性模型下的应力分布不同，线弹性模型
无法模拟坝体的损伤累计，同时考虑混凝土材料非线性后，由于混凝土材料发生拉伸损

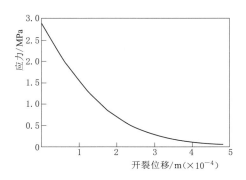

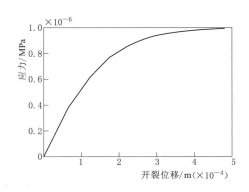

图 5.11　混凝土拉应力-开裂位移关系曲线　　图 5.12　混凝土拉损伤因子-开裂位移关系曲线

伤，刚度降低，坝体顺河向位移较线弹性有所增大，且发生滞后现象。

因此，本书基于混凝土弹塑性模型从坝体关键点位移、应力和坝体塑性损伤三个方面分析 P 波和 SV 波在不同入射角度情况下重力坝的动力响应。

1. 斜入射下坝体关键点位移

图 5.14（a）、（b）为 P 波斜入射下坝顶 D 点顺河向和竖向的位移时程曲线，可以看出顺河向最大动位移随入射角度的增大呈现先增大后减小的趋势，极大值出现在入射角为 60°时；竖向最大位移随入射角度的增大逐渐减小，极大值出现在入射角为 0°时，图 5.14（c）、（d）为不同角度下坝体各关键点与坝踵点的最大相对位移，可以看出，随着点高程的增大，相对位移呈现增大的趋势，随入射角度变化规律复杂。因此，P 波斜入射与垂直入射相对，对坝体的动力影响较大，对坝体的安全性有不利影响。

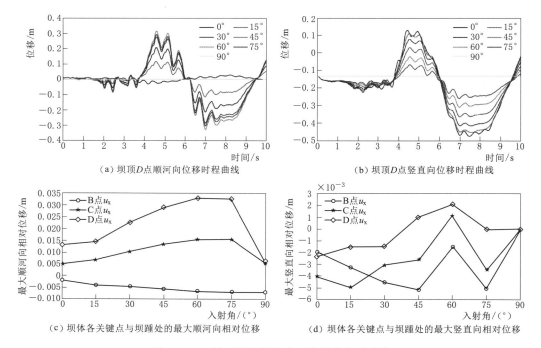

图 5.14　P 波不同入射角度下各测点位移曲线

　　图 5.15（a）、（b）为 SV 波斜入射下坝顶 D 点顺河向和竖向的位移时程曲线，可以看出顺河向最大动位移随入射角度的增大逐渐减小，极大值出现在入射角为 0°时，竖向最大位移随入射角度的增大而增大，极大值出现在入射角为 30°时，图 5.15（c）、（d）为不同角度下坝体各关键点与坝踵点的最大相对位移，可以看出，随着点高程的增大，相对位移呈现增大的趋势。因此，SV 波斜入射与垂直入射相对，对坝体的动力影响较大，对坝体的安全性有不利影响。

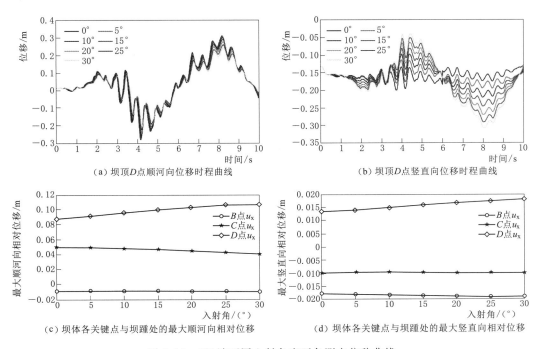

（a）坝顶 D 点顺河向位移时程曲线　　　　　（b）坝顶 D 点竖直向位移时程曲线

（c）坝体各关键点与坝踵处的最大顺河向相对位移　　（d）坝体各关键点与坝踵处的最大竖直向相对位移

图 5.15　SV 波不同入射角度下各测点位移曲线

2. 斜入射下坝体关键点应力

　　P 波斜入射角度下关键点第一、第三主应力极值如图 5.16 所示。从图中可以看出，随着入射角度的增大，各点的主应力绝对值呈先增大后减小的趋势，在 45°~75°这一区间达到最大值；地震动垂直入射时的最大主应力略大于水平入射的情况，但均小于斜入射情

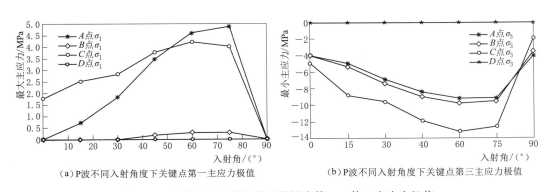

（a）P 波不同入射角度下关键点第一主应力极值　　（b）P 波不同入射角度下关键点第三主应力极值

图 5.16　P 波不同入射角度下关键点第一、第三主应力极值

况下的应力；折坡、坝踵和坝趾处为应力较大的区域，折坡处在 15°~75°区间与坝踵处在 60°~75°的最大主应力均超过极限抗拉强度。

SV 波斜入射角度下关键点第一、第三主应力极值如图 5.17 所示。从图中可以看出，随入射角度增大，各点第一主应力基本不变，第三主应力随入射角度增大呈现不断减小的趋势，可以初步判断垂直入射时坝体损伤最大。同 P 波斜入射时的情况类似，折坡处依然为拉应力最大的区域，且在各种角度下均达到极限抗拉强度，其他各点处均未达到，所以推测 SV 波斜入射时损伤总发生在折坡处。

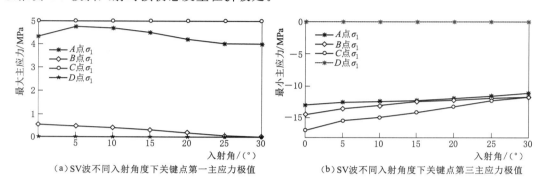

（a）SV波不同入射角度下关键点第一主应力极值　　　　（b）SV波不同入射角度下关键点第三主应力极值

图 5.17　SV 波不同入射角度下关键点第一、第三主应力极值

从图 5.16、图 5.17 可以看出，考虑地震波斜入射时，坝体的响应与垂直入射时有明显的差异，对坝踵、坝址部位的影响较大。坝体中上部的动力响应相差不大，甚至存在小于垂直入射的情况，这与非均匀输入对结构-地基交界面影响较大、而对其他部位影响不明显的结论相一致，主要是因为非均匀输入情况下引起"拟静模态"导致坝体局部应力的显著增大。

3. 塑性损伤分析

图 5.18（见文后彩插）为不同角度的 P 波从上游面斜入射坝体的损伤情况，P 波入射下坝体损伤破坏出现在入射角度为 15°~75°时，在此区间损伤范围随着入射角度的增大呈先增大后减小的趋势，在折坡区损伤贯穿深度也随之变化，在 60°达到最大，在垂直入射和水平入射时，坝体保持弹性变形，均未出现损伤破坏，因此斜入射对坝体具有不利影响，在 60°和 75°两个角度下，压缩波对坝体的影响十分剧烈，下游面折坡处裂缝向上游面扩展的同时，坝体上游面也出现损伤，上下游面的损伤区向坝体内部扩展，最终交汇形成贯穿性裂缝，坝踵未出现沿坝基面交界面的损伤开裂，且防渗帷幕未破坏，与实际地震造成坝体产生多条水平裂缝，且主要集中于 629m 高程的坝面改变处的说法接近。

图 5.19（见文后彩插）为不同角度的 SV 波从上游面斜入射坝体的损伤情况。SV 波斜入射下，坝体折坡处出现水平向下弯曲的损伤破坏，损伤范围和损伤区贯穿深度随着角度的增大而不断减小，这与剪切波在水平方向的分量减小有关，坝踵处均未出现破坏，垂直入射时坝体损伤最为严重，在折坡处下方约 13m 处出现水平向裂缝，在小角度剪切波作用下，坝体作用晃动剧烈，易在折坡处等应力集中处产生裂缝，这与实际情况相吻合；相比 P 波，坝体损伤破坏对 SV 波入射角度变化敏感度更强，5°的角度变化可以产生很大的差距，因此，在重力坝的动力分析中入射波的角度应慎重考虑。

5.3　基于黏弹性边界的三维地震波斜入射

5.3.1　P波斜入射

在三维坐标中，平面P波［位移时程为$u_0(t)$倾斜入射情况下］取立方体形状的人工边界，并划分网格建立有限元模型，如图5.20所示。有限元模型在x、y、z方向截取的尺寸分别表示为L_x、L_y、L_z。假定被截去的无限地基域为线弹性介质，根据弹性波在介质中的传播特性计算人工边界各点的自由场波场。

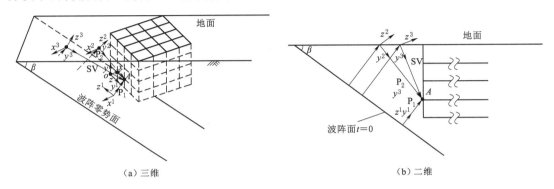

| (a) 三维 | (b) 二维 |

图 5.20　三维平面P波斜入射示意图

以立方体的一个脚点为坐标原点建立整体坐标系，并且入射波的零时刻波阵面通过坐标原点o，对于人工边界面上任意点$A(x_0, y_0, z_0)$，P波入射的自由场波场由零时刻波场面直接入射的P_1波、经地表反射的P_2波和经地表反射的SV波组成。对三种波建立的局部坐标体系分别为(x^1, y^1, z^1)、(x^2, y^2, z^2)、(x^3, y^3, z^3)。设入射P波行波方向与x轴、y轴、z轴的夹角分别为α、β、γ[19]。

从(x^1, y^1, z^1)局部坐标到整体坐标的转换矩阵为

$$T_1 = \begin{bmatrix} -\dfrac{\cos\gamma}{\sqrt{\cos^2\alpha+\cos^2\gamma}} & 0 & \dfrac{\cos\alpha}{\sqrt{\cos^2\alpha+\cos^2\gamma}} \\ \cos\alpha & \cos\beta & \cos\gamma \\ -\dfrac{\cos\alpha\cos\beta}{\sqrt{\cos^2\alpha+\cos^2\gamma}} & \sqrt{\cos^2\alpha+\cos^2\gamma} & -\dfrac{\cos\gamma\cos\beta}{\sqrt{\cos^2\alpha+\cos^2\gamma}} \end{bmatrix} \tag{5.20}$$

从(x^2, y^2, z^2)局部坐标到整体坐标的转换矩阵为

$$T_2 = \begin{bmatrix} -\dfrac{\cos\gamma}{\sqrt{\cos^2\alpha+\cos^2\gamma}} & 0 & \dfrac{\cos\alpha}{\sqrt{\cos^2\alpha+\cos^2\gamma}} \\ \cos\alpha & -\cos\beta & \cos\gamma \\ \dfrac{\cos\alpha\cos\beta}{\sqrt{\cos^2\alpha+\cos^2\gamma}} & \sqrt{\cos^2\alpha+\cos^2\gamma} & \dfrac{\cos\gamma\cos\beta}{\sqrt{\cos^2\alpha+\cos^2\gamma}} \end{bmatrix} \tag{5.21}$$

从(x^3, y^3, z^3)局部坐标到整体坐标的转换矩阵为

$$T_3 = \begin{bmatrix} -\dfrac{\cos\gamma_s}{\sqrt{\cos^2\alpha_s + \cos^2\gamma_s}} & 0 & \dfrac{\cos\alpha_s}{\sqrt{\cos^2\alpha_s + \cos^2\gamma_s}} \\ \cos\alpha_s & -\cos\beta_s & \cos\gamma_s \\ \dfrac{\cos\alpha_s \cos\beta_s}{\sqrt{\cos^2\alpha_s + \cos^2\gamma_s}} & \sqrt{\cos^2\alpha_s + \cos^2\gamma_s} & \dfrac{\cos\gamma_s \cos\beta_s}{\sqrt{\cos^2\alpha_s + \cos^2\gamma_s}} \end{bmatrix} \tag{5.22}$$

式中，$\beta_s = \arcsin\left(\dfrac{c_s \sin\beta}{c_s}\right)$，$\alpha_s = \arccos\left(\dfrac{\cos\alpha \sin\beta_s}{\sin\beta}\right)$，$\gamma_s = \arccos\left(\dfrac{\cos\gamma \sin\beta_s}{\sin\beta}\right)$。

局部坐标系下，P_1 波、P_2 波和 SV 波在 A 点引起的位移分量可表示为

$$\begin{cases} [U^1] = \begin{bmatrix} 0 & u(t - \Delta t^1) & 0 \end{bmatrix} \\ [U^2] = \begin{bmatrix} 0 & A_1 u(t - \Delta t^2) & 0 \end{bmatrix} \\ [U^3] = \begin{bmatrix} 0 & 0 & A_2 u(t - \Delta t^3) \end{bmatrix} \end{cases} \tag{5.23}$$

式中　　A_1——反射 P 波幅值与入射 P 波幅值的比值；

　　　　A_2——反射 SV 波幅值与入射 P 波幅值的比值；

Δt^1、Δt^2、Δt^3——延迟时间。

$$\begin{cases} \Delta t^1 = \dfrac{|x_0 \cos\alpha + y_0 \cos\beta + z_0 \cos\gamma|}{c_p} \\ \Delta t^2 = \dfrac{|x_0 \cos\alpha + (Ly - y_0)\cos\beta + z_0 \cos\gamma|}{c_p} \\ \Delta t^3 = \dfrac{|(x_0 \cos\alpha + (Ly - y_0)\cos\alpha_s / \cos\beta_s)\cos\alpha + Ly \cos\beta + (z_0 - (Ly - y_0)\cos\gamma_s / \cos\beta_s)\cos\gamma|}{c_p} + \\ \qquad\quad \dfrac{(Ly - y_0)/\cos\beta_s}{c_s} \end{cases}$$

$$\tag{5.24}$$

通过转换矩阵，总体坐标系下 A 点的位移向量为 P_1 波、P_2 波和 SV 波产生的自由场位移的叠加，表示为

$$[U] = \sum_{i=1}^{3} T_i [U_i] \tag{5.25}$$

总体坐标系下的速度向量可通过式（5.25）对时间求导获得

$$[\dot{U}] = \sum_{i=1}^{3} T_i [\dot{U}_i] \tag{5.26}$$

局部坐标系下 P_1 波与 P_2 波在 A 点的自由场应力为

$$[\sigma_{ij}^l] = \begin{bmatrix} \sigma_{xx}^l & 0 & 0 \\ 0 & \sigma_{yy}^l & 0 \\ 0 & 0 & \sigma_{zz}^l \end{bmatrix}, \quad \sigma_{xx}^l = \sigma_{zz}^l = -\dfrac{\lambda}{c_p}\dot{u}(t - \Delta t^l), \quad \sigma_{yy}^l = -\dfrac{\lambda + 2G}{c_p}\dot{u}(t - \Delta t^l) \tag{5.27}$$

式中　$l = 1$、2——P_1、P_2 波在 A 的自由场应力。

局部坐标系下 SV 波在 A 点的自由场应力为

$$\left[\sigma_{ij}^{3}\right]=\begin{bmatrix} 0 & 0 & 0 \\ 0 & 0 & \tau_{yz}^{3} \\ 0 & \tau_{zy}^{3} & 0 \end{bmatrix}, \quad \tau_{yz}^{3}=\tau_{zy}^{3}=-\frac{G}{c_{s}}\dot{u}\left(t-\Delta t^{3}\right) \tag{5.28}$$

总体坐标下 A 点的自由场应力为 P_{1} 波、P_{2} 波和 SV 波产生的自由场应力叠加，表示为

$$\left[\sigma_{ij}\right]=\sum_{i=1}^{3}\left[T_{l}\right]^{T}\left[\sigma_{ij}^{l}\right]\left[T_{l}\right] \tag{5.29}$$

5.3.2 SV 波斜入射

在三维坐标中，平面 SV 波 [位移时程为 $u_{0}(t)$ 倾斜入射情况下]，取立方体形状的人工边界，并划分网格建立有限元模型，如图 5.21 所示。

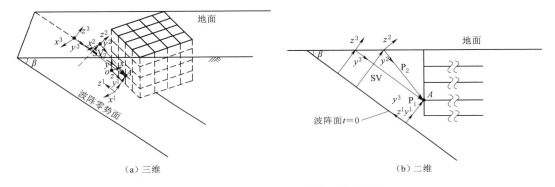

（a）三维 （b）二维

图 5.21 三维平面 SV 波斜入射示意图

以立方体的一个脚点为坐标原点建立整体坐标系，并且入射波的零时刻波阵面通过坐标原点 o，对于人工边界面上任意点 $A(X_{0}, Y_{0}, Z_{0})$，P 波入射的自由场波场由零时刻波场面直接入射的 SV_{1} 波、经地表反射的 SV_{2} 波和经地表反射的 P 波组成。对三种波建立的局部坐标体系分别为 (x^{1}, y^{1}, z^{1})、(x^{2}, y^{2}, z^{2})、(x^{3}, y^{3}, z^{3})。局部坐标系的建立如图 5.21（b）所示。设入射 P 波行波方向与 x、y、z 的夹角分别为 α、β、γ。

从 (x^{1}, y^{1}, z^{1}) 局部坐标到整体坐标的转换矩阵为

$$T_{1}=\begin{bmatrix} -\dfrac{\cos\gamma}{\sqrt{\cos^{2}\alpha+\cos^{2}\gamma}} & 0 & \dfrac{\cos\alpha}{\sqrt{\cos^{2}\alpha+\cos^{2}\gamma}} \\ \cos\alpha & -\cos\beta & \cos\gamma \\ -\dfrac{\cos\alpha\cos\beta}{\sqrt{\cos^{2}\alpha+\cos^{2}\gamma}} & \sqrt{\cos^{2}\alpha+\cos^{2}\gamma} & -\dfrac{\cos\gamma\cos\beta}{\sqrt{\cos^{2}\alpha+\cos^{2}\gamma}} \end{bmatrix} \tag{5.30}$$

从 (x^{2}, y^{2}, z^{2}) 局部坐标到整体坐标的转换矩阵为

$$T_{2}=\begin{bmatrix} -\dfrac{\cos\gamma}{\sqrt{\cos^{2}\alpha+\cos^{2}\gamma}} & 0 & \dfrac{\cos\alpha}{\sqrt{\cos^{2}\alpha+\cos^{2}\gamma}} \\ \cos\alpha & -\cos\beta & \cos\gamma \\ \dfrac{\cos\alpha\cos\beta}{\sqrt{\cos^{2}\alpha+\cos^{2}\gamma}} & \sqrt{\cos^{2}\alpha+\cos^{2}\gamma} & \dfrac{\cos\gamma\cos\beta}{\sqrt{\cos^{2}\alpha+\cos^{2}\gamma}} \end{bmatrix} \tag{5.31}$$

从 (x^3, y^3, z^3) 局部坐标到整体坐标的转换矩阵为

$$T_3 = \begin{bmatrix} -\dfrac{\cos\gamma_p}{\sqrt{\cos^2\alpha_p + \cos^2\gamma_p}} & 0 & \dfrac{\cos\alpha_p}{\sqrt{\cos^2\alpha_p + \cos^2\gamma_p}} \\[3mm] \cos\alpha_p & -\cos\beta_p & \cos\gamma_p \\[3mm] -\dfrac{\cos\alpha_p\cos\beta_p}{\sqrt{\cos^2\alpha_p + \cos^2\gamma_p}} & \sqrt{\cos^2\alpha_p + \cos^2\gamma_p} & -\dfrac{\cos\gamma_p\cos\beta_p}{\sqrt{\cos^2\alpha_p + \cos^2\gamma_p}} \end{bmatrix} \qquad (5.32)$$

式中，$\beta_p = \arcsin\left(\dfrac{c_p\sin\beta}{c_s}\right)$，$\alpha_p = \arccos\left(\dfrac{\cos\alpha\sin\beta_p}{\sin\beta}\right)$，$\gamma_p = \arccos\left(\dfrac{\cos\gamma\sin\beta_p}{\sin\beta}\right)$。

局部坐标系下，SV_1 波、SV_2 波和 P 波在 A 点引起的位移分量可表示为

$$\begin{cases} [U^1] = \begin{bmatrix} 0 & u(t - \Delta t^1) & 0 \end{bmatrix} \\ [U^2] = \begin{bmatrix} 0 & A_3 u(t - \Delta t^2) & 0 \end{bmatrix} \\ [U^3] = \begin{bmatrix} 0 & 0 & A_4 u(t - \Delta t^3) \end{bmatrix} \end{cases} \qquad (5.33)$$

式中　Δt^1、Δt^2、Δt^3——延迟时间。

$$\begin{cases} \Delta t^1 = \dfrac{|x_0\cos\alpha + y_0\cos\beta + z_0\cos\gamma|}{c_s} \\[3mm] \Delta t^2 = \dfrac{|x_0\cos\alpha + (Ly - y_0)\cos\beta + z_0\cos\gamma|}{c_s} \\[3mm] \Delta t^3 = \dfrac{|[x_0\cos\alpha + (Ly - y_0)\cos\alpha_p/\cos\beta_p]\cos\alpha + Ly\cos\beta + [z_0 - (Ly - y_0)\cos\gamma_p/\cos\beta_p]\cos\gamma|}{c_p} + \\[3mm] \qquad \dfrac{(Ly - y_0)/\cos\beta_p}{c_p} \end{cases}$$

$$\qquad (5.34)$$

通过转换矩阵，总体坐标系下 A 点的位移向量为 SV_1 波、SV_2 波产生的自由场位移的叠加，表示为

$$[U] = \sum_{i=1}^{3} T_i[U_i] \qquad (5.35)$$

总体坐标系下的速度向量可通过式（5.35）对时间求导获得：

$$[\dot{U}] = \sum_{i=1}^{3} T_i[\dot{U}_i] \qquad (5.36)$$

局部坐标系下 SV_1 与 SV_2 在 A 的自由场应力为

$$[\sigma_{ij}^l] = \begin{bmatrix} 0 & 0 & 0 \\ 0 & 0 & \tau_{yz}^l \\ 0 & \tau_{zy}^l & 0 \end{bmatrix}, \quad \tau_{yz}^l = \tau_{zy}^l = -\dfrac{G}{c_s}\dot{u}(t - \Delta t^l) \qquad (5.37)$$

式中　$l = 1$、2——SV_1、SV_2 波在 A 的自由场应力。

局部坐标系下 P 波在 A 点的自由场应力为

$$[\sigma_{ij}^3] = \begin{bmatrix} \sigma_{xx}^3 & 0 & 0 \\ 0 & \sigma_{yy}^3 & 0 \\ 0 & 0 & \sigma_{zz}^3 \end{bmatrix}, \quad \sigma_{xx}^3 = \sigma_{zz}^3 = -\dfrac{\lambda}{c_p}\dot{u}(t - \Delta t^3), \quad \sigma_{yy}^l = -\dfrac{\lambda + 2G}{c_p}\dot{u}(t - \Delta t^3) \qquad (5.38)$$

总体坐标下 A 点的自由场应力为 SV_1 波、SV_2 波和 P 波产生的自由场应力叠加，表示为

$$[\sigma_{ij}] = \sum_{l=1}^{2} [T_l]^{\mathrm{T}} [\sigma_{ij}^l] [T_l] \qquad (5.39)$$

5.3.3 SH 波斜入射

在三维坐标中，平面 SH 波 [位移时程为 $u_0(t)$ 倾斜入射情况下]，取立方体形状的人工边界，并划分网格建立有限元模型，如图 5.22 所示。

以立方体的一个脚点为坐标原点建立整体坐标系，并且入射波的零时刻波阵面通过坐标原点 o，对于人工边界面上任意点 $A(x_0, y_0, z_0)$，其入射的自由场波场由零时刻波场面直接入射的 SH_1 波和经地表反射的 SH_2 波。入射的 SH_1 波和反射的 SH_2 波分别建立局部坐标体系为 (x^1, y^1, z^1)、(x^2, y^2, z^2)。以 SH 波的传播方向定义为局部坐标的 y^l 轴（$l=1$ 和 2 分别代表入射的 SH_1 波和反射的 SH_2 波）。SH 波的振动方向始终保持平行于自由表面，定义 SH 波的振动方向为

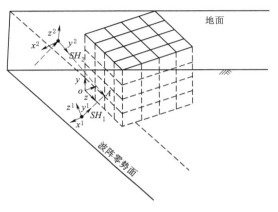

图 5.22 SH 波斜入射

z^i 方向，局部坐标系下的运动张量和应力张量可通过坐标转换矩阵转换到整体坐标系下，设入射 SH 波行波方向与 x、y、z 的夹角分别为 α、β、γ。

从 (x^1, y^1, z^1) 局部坐标到整体坐标的转换矩阵为

$$T_1 = \begin{bmatrix} -\dfrac{\cos\alpha\cos\beta}{\sqrt{\cos^2\alpha + \cos^2\gamma}} & -\sqrt{\cos^2\alpha + \cos^2\gamma} & \dfrac{\cos\gamma\cos\beta}{\sqrt{\cos^2\alpha + \cos^2\gamma}} \\ \cos\alpha & \cos\beta & \cos\gamma \\ -\dfrac{\cos\gamma}{\sqrt{\cos^2\alpha + \cos^2\gamma}} & 0 & -\dfrac{\cos\alpha}{\sqrt{\cos^2\alpha + \cos^2\gamma}} \end{bmatrix} \qquad (5.40)$$

从 (x^2, y^2, z^2) 局部坐标到整体坐标的转换矩阵为

$$T_2 = \begin{bmatrix} -\dfrac{\cos\alpha\cos\beta}{\sqrt{\cos^2\alpha + \cos^2\gamma}} & -\sqrt{\cos^2\alpha + \cos^2\gamma} & \dfrac{\cos\gamma\cos\beta}{\sqrt{\cos^2\alpha + \cos^2\gamma}} \\ \cos\alpha & -\cos\beta & \cos\gamma \\ -\dfrac{\cos\gamma}{\sqrt{\cos^2\alpha + \cos^2\gamma}} & 0 & -\dfrac{\cos\alpha}{\sqrt{\cos^2\alpha + \cos^2\gamma}} \end{bmatrix} \qquad (5.41)$$

局部坐标系下，SH_1 波、SH_2 波在 A 点引起的位移分量可表示为

$$[U^1] = \begin{bmatrix} 0 & u(t - \Delta t^1) & 0 \end{bmatrix}$$

$$[U^2] = \begin{bmatrix} 0 & u(t - \Delta t^2) & 0 \end{bmatrix} \tag{5.42}$$

式中　Δt^1——延迟时间。

$$\Delta t^1 = \frac{|x_0 \cos\alpha + y_0 \cos\beta + z_0 \cos\gamma|}{c_s}$$

$$\Delta t^2 = \frac{|x_0 \cos\alpha + (Ly - y_0)\cos\beta + z_0 \cos\gamma|}{c_s}$$

通过转换矩阵，总体坐标系下 A 点的位移向量为 P_1 波、SV 波和 SH 波产生的自由场位移的叠加，表示为

$$[U] = \sum_{i=1}^{2} T_i [U_i] \tag{5.43}$$

总体坐标系下的速度向量可通过式（5.43）对时间求导获得：

$$[\dot{U}] = \sum_{i=1}^{2} T_i [\dot{U}_i] \tag{5.44}$$

局部坐标系下 SH_1 波与 SH_2 波在 A 点的自由场应力为

$$[\sigma_{ij}^l] = \begin{bmatrix} 0 & 0 & 0 \\ 0 & 0 & \tau_{yz}^l \\ 0 & \tau_{zy}^l & 0 \end{bmatrix}, \tau_{yz}^l = \tau_{zy}^l = -\frac{G}{c_s} \dot{u}(t - \Delta t^l) \tag{5.45}$$

总体坐标下 A 点的自由场应力为 SH_1 波、SH_2 波产生的自由场应力叠加，表示为

$$[\sigma_{ij}] = \sum_{i=1}^{2} [T_l]^{\mathrm{T}} [\sigma_{ij}^l][T_l] \tag{5.46}$$

5.3.4　方法验证

为验证 P 波、SV 波、SH 波三维输入方法的模拟精度，建立三维弹性半无限空间模型，尺寸为 $800\mathrm{m} \times 600\mathrm{m} \times 800\mathrm{m}$，半空间介质的质量密度为 $2000\mathrm{kg/m^3}$，弹性模量为 $1\mathrm{GPa}$，泊松比为 0.3，采用满足有限元精度要求的 $20\mathrm{m}$ 的立方体进行离散，有限元模型如图 5.23 所示，在有限元模型的侧面和地面施加黏弹性人工边界，入射的 P 波、SV 波、SH 波脉冲波如图 5.3（b）所示。P 波入射方向向量为 $(\sqrt{2}/2, \sqrt{2}, 0)$ 和 $(\sqrt{2}/2, 1/2, 1/2)$；SV 波由于具有临界角度（一般取 $35°$），入射角度取 $0°$、$5°$、$10°$、$15°$、$20°$、$25°$、$30°$；SH 波入射角度为 $0°$、$15°$、$30°$、$45°$、$60°$、$75°$、$90°$，有限元模型如图 5.23 所示，P 波、SV 波、SH 波斜入射时半空间位移场云图如图 5.24～图 5.26 所示（图 5.24、图 5.26 见文后彩插），P 波、SV 波、SH 波斜入射地表中心点处的位移时程曲线如图 5.27～图 5.29 所示。

从图 5.24～图 5.26 可以看出，本书建立的 P 波、SV 波、SH 波输入方法可以很好地模拟 P 波、SV 波、SH 波在半空间的传播过程，同时图 5.27～图 5.29（图 5.28 见

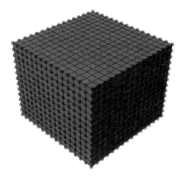

图 5.23　有限元模型

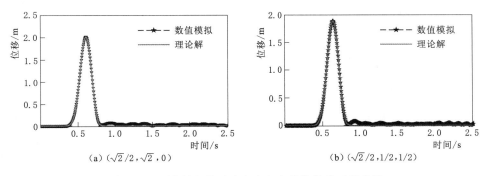

图 5.25 P 波斜入射时地表中心点处的位移时程曲线

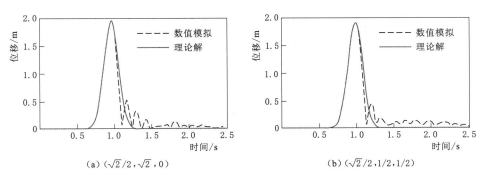

图 5.27 SH 波斜入射时地表中心点处的位移时程曲线

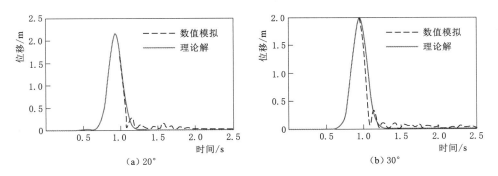

图 5.29 SV 波斜入射时地表中心点处的位移时程曲线

文后彩插)表明 P 波、SV 波、SH 波斜入射地表中心点处的位移时程数值解与理论解吻合较好,说明基于黏弹性边界的 P 波、SV 波、SH 波斜入射程序具有良好的模拟精度。

5.4 地震波斜入射下混凝土重力坝动力响应

某水电站位于四川省甘孜州雅江县境内的雅砻江干流上,为我国重要水电能源基地雅碧江流域的大型电站工程。坝址处多年平均流量为 744m³/s,年径流总量为 235 亿 m³。水库正常蓄水位为 2560m,死水位 2555m。正常蓄水位以下库容约 2.543 亿 m³,调节库

容 0.161 亿 m³，具有日调节能力。该水电站为二等（大二
型）工程，碾压混凝重力坝方案重力坝坝高超过 150m，建
筑物级别提高级 1 级，挡水建筑物按 1 级设计，引水及发
电等永久性主要建筑物为 2 级建筑物，有限元模型如图
5.30 所示，不同标号的混凝土材料参数见表 5.1，碾压混
凝土 $C_{180}20$、碾压混凝土 $C_{90}15$ 在循环荷载作用下的动态受
压、拉损伤演化规律，如图 4.25 所示，重力坝空库、满库
自振频率见表 5.2，分析地震波 P 波、SV 波斜入射下重力
坝动力响应。

5.4.1　P 波斜入射下混凝土重力坝动力响应

　　计算采用的竖向地震波的速度、位移时程曲线如图
5.31 所示，分别进行三维 P 波在 0°、45°、90° 等不同入射
角度下的地震反应计算，分析坝体特征位置的地震位移、
应力变化规律如图 5.35、图 5.36 所示。

图 5.30　重力坝有限元模型

表 5.1　材料参数表

材　　料	$\rho/(kg/m^3)$	E/GPa	动弹 E_d/GPa	动泊松比 ν
碾压混凝土 $C_{180}20$	2445	27.5	35.75	0.18
碾压混凝土 $C_{90}15$	2445	26.5	34.45	0.18
基岩	2700	18	30.62	0.28

表 5.2　挡水坝段自振频率　　单位：Hz

阶次	1	2	3	4	5	6	7	8	9	10
空库	3.02	5.97	6.21	10.22	15.79	16.31	21.69	24.14	25.19	27.66
满库	2.39	5.02	6.11	8.57	13.26	15.37	17.81	18.26	20.15	22.33
阶次	11	12	13	14	15	16	17	18	19	20
空库	29.56	31.46	36.15	37.18	40.02	40.92	42.10	44.80	45.59	45.98
满库	24.46	25.76	26.74	26.85	28.03	28.99	29.45	29.91	30.43	30.81

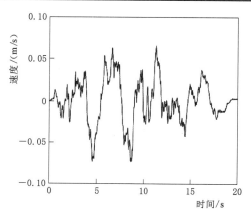
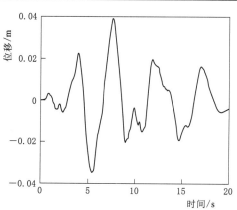

图 5.31　地震波的速度、位移时程曲线

如图 5.32、图 5.33 所示（见文后彩插），随着入射角度的增大，各点的主应力绝对值呈先增大后减小的趋势，地震动垂直入射时的最大主应力略大于水平入射的情况；由于黏弹性边界为弹性地基边界，坝体的绝对位移相对较大，但坝顶相对坝踵振幅同关键点主应力趋势相同，呈先增大后减小的趋势。

5.4.2　SV 波斜入射下混凝土重力坝动力响应

计算采用的竖向地震波的速度、位移时程曲线如图 5.34 所示，SV 波由于具有临界角度（一般取 35°），入射角度取 0°、15°、30°，分析坝体特征位置的地震应力与位移变化规律，如图 5.35、图 5.36 所示（见文后彩插）。

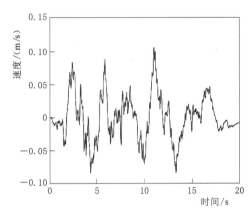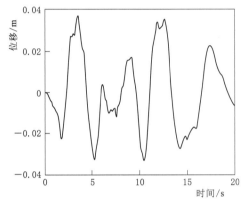

图 5.34　地震波的速度、位移时程曲线

因此，地震波斜入射时对重力坝结构的影响是明显的，尤其是坝-基交界面上，结构的动力响应要大于地震波垂直入射时结构的动力响应，如果按照垂直入射条件下的计算结果进行设计和处理，结构将偏于不安全，所以对于地震频发区的重大工程，有必要在其抗震设计中考虑地震波斜入射对结构的动力响应的影响。

5.5　小　　结

本章通过建立混凝土重力坝坝体-地基三维非线性动力分析模型，分别分析了坝体在地震 P 波和 SV 波斜入射下的动力反映并进行了地震破坏评价，得出如下结论：

（1）地震动斜入射下的动力反应与水平和垂直入射相比有显著不同，P 波入射下位移应力和损伤在 60°时达到最大响应，SV 波入射下在 0°时达到最大，证明了考虑入射角度的必要性；地震入射角度和不同地震波型的影响也应当综合考虑。

（2）坝体附加应力和损伤破坏产生的主要原因是坝体各点震动的不协调性，并且显著受到关键点高程和坝体形状的影响；强震作用下应力较大的区域易达到混凝土抗拉强度值，对坝体造成极大的破坏。与传统的线弹性分析相比，CDP 模型更能真实反映坝体在强震作用下的动力响应和破坏程度。

（3）采用不同波型和不同输入角度的地震波并结合 CDP 模型定量计算损伤指标，能全面且直观地反映坝体破坏程度，并基于此加强薄弱区域的处理与抗震设计。

本　章　参　考　文　献

［1］　朱代富，张继勋，任旭华. 地震波斜入射下重力坝的动响应分析［J］. 水力发电，2021，47（9）：64 - 69.

［2］　刘晓嫚. 单双向地震波斜入射下拱坝-库水-淤沙-地基系统动力相互作用研究［D］. 昆明：昆明理工大学，2020.

［3］　孙纬宇，汪精河，严松宏，等. SV 波斜入射下河谷地形地震动分布特征分析［J］. 振动与冲击，2019，38（20）：237 - 243，265.

［4］　刘晶波，王振宇，杜修力，等. 波动问题中的三维时域粘弹性人工边界［J］. 工程力学，2005（6）：46 - 51.

［5］　Takahiro S. Estimation of earthquake motion incident angle at rock site［C］//Proceedings of 12th World Conference Earthquake Engineering，New Zealand，2000：956.

［6］　Nikos D Lagaros. The impact of the earthquake incident angle on the seismic loss estimation［J］. Engineering structures，2010，32（6）.

［7］　黄景琦. 岩体隧道非线性地震响应分析［D］. 北京：北京工业大学，2015.

［8］　杜修力，徐海滨，赵密. SV 波斜入射下高拱坝地震反应分析［J］. 水力发电学报，2015，34（4）：139 - 145.

［9］　王飞，宋志强，刘云贺，等. SV 波斜入射不同自由场构建方法下水电站地面厂房地震响应研究［J］. 振动与冲击，2021，40（7）：9 - 18.

［10］　苑举卫，杜成斌，刘志明. 地震波斜入射条件下重力坝动力响应分析［J］. 振动与冲击，2011，30（7）：120 - 126.

［11］　孙奔博，胡良明，李仟. 平面 SV 波斜入射下重力坝动力响应分析［J］. 水利水电技术，2018，49（8）：115 - 122.

［12］　何卫平，熊堃，卢晓春. 确定性地震动空间差异对重力坝地震响应影响研究［J］. 水利学报，2019，50（8）：913 - 924.

［13］　李明超，张佳文，张梦溪，等. 地震波斜入射下混凝土重力坝的塑性损伤响应分析［J］. 水利学报，2019，50（11）：1326 - 1338，1349.

［14］　Zhang J，Zhang M，Li M，et al. Nonlinear dynamic response of a CC - RCC combined dam structure under oblique incidence of near - fault ground motions［J］. Applied Science，2020，10：885.

［15］　Lubinear J，Fenves G L. A plastic - damage concrete model for earthquake analysis of dams［J］. Earthquake Engineering & Structural Dynamics，1998，27（9）：937 - 956.

［16］　沈怀至，张楚汉，寇立夯. 基于功能的混凝土重力坝地震破坏评价模型［J］. 清华大学学报（自然科学版），2007（12）：2114 - 2118.

［17］　范书立，陈明阳，陈健云，等. 基于能量耗散碾压混凝土重力坝地震损伤分析［J］. 振动与冲击，2011，30（4）：271 - 275.

［18］　陈立，张燎军. 基于黏弹性边界的地震波斜入射方法研究［J］. 水力发电学报，2015，34（1）：183 - 188.

［19］　黄景琦. 岩体隧道非线性地震响应分析［D］. 北京：北京工业大学，2015.

第6章 冻融循环后混凝土的单调受压试验研究

6.1 引 言

冻融破坏是指水工建筑物已硬化的混凝土在浸水饱和或潮湿状态下，由于温度正负交替变化（气温或水位升降），使混凝土内部孔隙水形成冻结膨胀压、渗透压及结晶压力等，产生疲劳应力，造成混凝土由表及里逐渐剥蚀的一种破坏现象。我国的混凝土耐久性问题呈现"南锈北冻"的分布，冻融破坏是我国大部分地区水工混凝土建筑物在运行过程中产生的主要病害之一。根据水利部在20世纪80年代对全国32座混凝土高坝和40余座钢筋混凝土水闸等水工混凝土建筑物的耐久性及病害处理调查显示，有22%的大坝和21%的中小型工程存在着不同程度的混凝土冻融破坏现象。尤其在高海拔寒冷地区，温差大、气压低的环境条件极易导致混凝土结构受到破坏，产生裂缝，进而影响混凝土结构的正常服役及耐久性。这种高寒的极端环境对混凝土的各项性能提出了更高的要求，尤其是混凝土的抗冻耐久性。因此，研究高海拔寒冷地区混凝土的抗冻耐久性能对保证混凝土结构的安全性和可靠性具有重要的意义。

对于在高海拔寒冷地区混凝土抗冻性能的研究，目前已有学者研究了掺加外加剂（如引气剂、减水剂）后混凝土含气量对混凝土结构宏观力学性质的影响。另外，混凝土结构抗冻耐久性也受材料、水质、环境条件等因素影响而相差较大，特别是在高海拔寒冷地区，气压较低、气温较低且昼夜温差较大、日照时间长等情况对混凝土结构抗冻耐久性影响也很大。

基于此，本章在考虑符合当地建筑材料的条件下，掺加一定量的引气剂，制作混凝土试件。在冻融过程中模拟高海拔寒冷地区温差和时间等因素，进行冻融后混凝土性能的研究，最后分析冻融循环过程中高海拔寒冷地区混凝土的宏观力学性能，为高海拔寒冷地区混凝土结构的设计提供理论依据。

6.2 混凝土快速冻融试验及冻融循环后混凝土单调受压试验

6.2.1 试验原材料

本试验按照《水工混凝土试验规程》（DL/T 5150—2017）的规定，对各原材料性质检验合格后使用。

水泥采用新乡市新星水泥有限公司普通硅酸盐水泥（P·O42.5），未受潮、无结块。根据试验检验结果，该水泥细度为3.8%，安定性合格，初凝时间≥1.5h，终凝时间≤7h。粗骨料为碎石，产地为河南新乡，粒径为5~20mm，质地坚硬、表面粗糙，骨料无污染、无杂质，含泥量为 0.7%。细骨料为河砂，产地为河南新乡，细度模数为 2.87，中砂，含泥量为 2.3%。试验用水为符合标准要求的自来水。

试验所用碎石最大粒径为 20mm，掺入引气剂的混凝土含气量的最大值为 5.5%。引气剂采用广东省汕头市龙湖科技生产的 AE-2 型引气剂，减水剂采用江苏苏博特新材料股份有限公司生产的高效聚羧酸减水剂。

6.2.2 配合比设计

1. 确定混凝土配制强度

混凝土配合比设计应用于高海拔寒冷地区，强度等级为 C35。按照《水工混凝土配合比设计规程》（DL/T 5330—2015）中质量法设计混凝土配合比，混凝土的配制强度按式（6.1）计算确定：

$$f_{cu,0} = f_{cu,k} + 1.645\sigma \tag{6.1}$$

式中 $f_{cu,0}$——混凝土配制强度，MPa；

$f_{cu,k}$——混凝土立方体抗压强度标准值，MPa；

σ——混凝土强度标准差，MPa，取 4.5。

将相关参数代入上式，可得 $f_{cu,0} \geqslant 40.76$MPa，满足规范要求。

2. 确定水胶比

依据《水工混凝土配合比设计规程》（DL/T 5330—2015），混凝土的水胶比应根据混凝土性能的要求和水侵蚀的环境，经过试验确定。混凝土设计强度等级为 C35，根据试验确定单位体积混凝土最大水胶比为 0.38。

3. 确定用水量

粗骨料最大粒径为 20mm，设计坍落度为 100～120mm，确定混凝土用水量为 153kg/m³。

4. 确定水泥用量

单位体积混凝土胶凝材料用量即为单位体积混凝土水泥用量，可以按式（6.2）计算：

$$m_{bo} = \frac{m_{wo}}{W/B} \tag{6.2}$$

式中 m_{bo}——计算配合比单位体积混凝土胶凝材料用量，kg/m³；

m_{wo}——计算配合比单位体积混凝土的用水量，kg/m³。

计算得到 m_{bo} 为 403kg/m³。

5. 确定砂率

砂率需根据骨料的品种、水胶比和砂细度模数通过试验确定，无试验资料时也可以按表 6.1 初选砂率试验。混凝土坍落度大于 60mm，每增大 20mm，砂率增大 1%，掺用引气剂时，砂率可减小 2%～3%。本试验取砂率为 42%。

6. 外加剂的掺量

为保障混凝土工作性及强度，并兼顾其抗冻耐久性能，同时向混凝土中加入引气剂和减水剂，减水剂掺量为水泥用量的 1.5%，引气剂的掺量为水泥用量的 0.1‰。

表 6.1		混凝土砂率初选表		%
骨料最大粒径/mm	水 胶 比			
	0.40	0.50	0.6	0.70
20	36～38	38～40	40～42	42～44
40	30～32	32～34	34～36	36～38
80	24～26	26～28	28～30	30～32
150	20～22	22～24	24～26	26～28

本试验采用外加剂改善混凝土性能，研究混凝土在高海拔寒冷地区工作性能、力学性能及抗冻耐久性，并得出适用于高海拔寒冷地区的混凝土配合比最佳方案，见表 6.2。

表 6.2				混凝土配合比设计					
混凝土强度等级	水泥强度等级	水胶比	砂率/%	1m³ 混凝土材料用量/(kg/m³)				高效减水剂(1.5%)	引气剂(0.01%)
				水	水泥	砂	碎石		
C35	P·O42.5	0.38	42	153	403	741	1023	6.05	0.04

6.2.3　试验设备

1. 快速冻融试验机

冻融试验采用 CABR－HDK9 型混凝土自动快速冻融试验机，如图 6.1 所示。

试验冻结前先对混凝土试件进行饱水处理：混凝土试件在标准养护条件下达到龄期前 4 天时，将试件浸泡在 (20±2)℃ 的水中，浸泡时，水面高出试件顶面 20～30mm。然后将混凝土试件放入试验箱内的试件盒里进行冻融循环试验，盒内注入清水，水位高度超过试件顶面 20mm。结合西藏地区冬季平均温度，冻结时试件中心温度为 −16℃，融解时试件中心温度为 6℃，冻融循环一次在 4h 内完成。

图 6.1　混凝土快速冻融试验机

图 6.2　全自动混凝土压力试验机

2. 压力试验机

混凝土抗压强度和劈裂强度试验采用 STYE－2000E 型全自动混凝土压力试验机，如图 6.2 所示。

3. 动弹性模量测定仪

动弹性模量试验采用 DT - 14 型混凝土动弹性模量测试仪，如图 6.3 所示。

4. 混凝土坍落度测定仪

混凝土拌合物坍落度测定由混凝土坍落度测定仪进行检测，如图 6.4 所示。

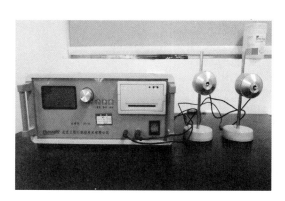

图 6.3　混凝土动弹性模量测定仪

图 6.4　混凝土坍落度测定仪

5. 混凝土含气量测定仪

混凝土拌合物含气量测定采用 HC - 7L 型直读式混凝土含气量测定仪，如图 6.5 所示。

6. 混凝土单轴搅拌机

拌和混凝土采用 SJD60 型混凝土单轴强制式搅拌机，如图 6.6 所示。

图 6.5　混凝土含气量测定仪

图 6.6　混凝土单轴强制式搅拌机

6.2.4　试验方法

1. 混凝土拌和

按照上述配合比对原材料进行称重，将石子、砂和水泥依次倒入搅拌机，搅拌 1min，搅拌均匀。再向搅拌机加入水及外加剂进行搅拌，搅拌时间不少于 3min（图 6.7）。混凝土搅拌好后，使用坍落度测定仪和含气量测定仪检测混凝土的坍落度和含气量。经检验，混凝土拌合物坍落度为 100～110mm，含气量在 2%～2.5% 范围内（图 6.8）。

图 6.7　混凝土拌和

图 6.8　坍落度检测

2. 混凝土试件成型及养护

将搅拌均匀的混凝土装入试模（抗冻试模尺寸为 100mm×100mm×400mm，立方体试模尺寸为 100mm×100mm×100mm），随后放置在振动台上振动至混凝土密实（图 6.9）。混凝土成型后，在室温条件下养护 24h，然后进行拆模、编号，放入标准养护室中养护 28d（图 6.10）。

3. 冻融循环试验

将养护至 24d 的长方体和立方体试件在常温下水中浸泡 4d 取出，对长方体试件进行动弹性模量试验、称量质量，随后和立方体试件一起放入冻融机中进行冻融循环，每进行 25 次冻融循环，检测长方体试件的动弹性模量和质量损失以及立方体试件的抗压强度、劈裂抗拉强度（图 6.11～图 6.16）。

6.2.5　试验结果

根据规范《水工混凝土试验规程》（DL/T 5150—2017），冻融停止评判标准为：试件的相对动弹性模量降至 60%，或试件的质量损失率达到 5%，两者满足其一，冻融试验就停止。具体指标计算方法如下。

1. 相对动弹性模量

相对动弹性模量按式（6.3）计算：

$$p_n = \frac{f_n^2}{f_0^2} \times 100 \tag{6.3}$$

图 6.9 混凝土成型

图 6.10 试件养护

图 6.11 试件泡水后装模

图 6.12 试件放入冻融试验机

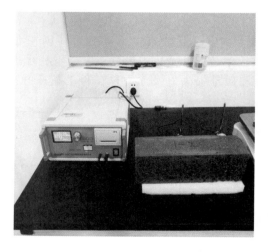

图 6.13 测动弹模量

图 6.14 称量质量

图 6.15　抗压强度试验

图 6.16　劈裂抗拉试验

式中　　p_n——n 次冻融循环后相对动弹模量，%；

　　　　f_0——横向基频初始值，Hz；

　　　　f_n——n 次冻融循环后的横向基频值，Hz。

取每组 3 个试件的算术平均值为相对动弹性模量最终值。

动弹性模量可以间接反映混凝土内部裂隙的发展情况。混凝土相对动弹性模量随冻融循环次数变化如图 6.17 所示。可以看出，混凝土相对动弹性模量随着冻融循环次数的增加呈现出先增后减的趋势，在冻融循环 25 次后达到峰值，在冻融循环 150 次后相对动弹性模量下降至 57%，达到试验结束条件。随着冻融循环次数的再增加，相对动弹性模量下降的速度也随之放缓。

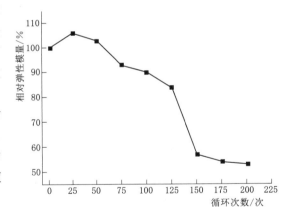

图 6.17　冻融循环次数与相对动弹性模量的关系

2. 质量损失率

混凝土质量损失率按式（6.4）计算：

$$\Delta = \frac{m_0 - m_n}{m_0} \times 100\%　\qquad (6.4)$$

式中　　m_0——混凝土的初始质量，g；

　　　　m_n——冻融循环后混凝土的质量，g；

　　　　Δ——质量损失，无量纲。

取每组 3 个试件的算术平均值为质量损失率最终值。

混凝土质量损失率随冻融循环次数变化如图 6.18 所示。随着冻融循环次数的增加，质量损失率呈现先减后增的趋势,在冻融循环 20 次后达到最低值,随后逐步增加。冻融循环 75 次后质量损失率增加迅速,与其表面特征相吻合,混凝土的脱落量越来越多,试块质量也随之降低。在冻融循环 200 次后质量损失率为 1.6%,远远小于 5%,由此可看出,混凝土掺加引气剂后可减缓混凝土质量在冻融循环中的损伤。

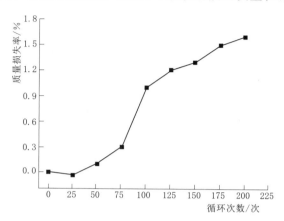

图 6.18　冻融循环次数与质量损失率关系

3. 外观质量

混凝土试件经过冻融循环后的外观破坏情况如图 6.19 所示(见文后彩插)。

由图 6.19 可以看出,混凝土冻融循环至 25 次、50 次后,试件表面有少量水泥砂浆脱落,但基本保持完整,边角出现少量微小孔隙,整体上无明显损伤,这时混凝土受冻融损伤影响较小。冻融循环至 75 次后,混凝土试件表面开始出现轻微破坏,并逐渐扩展,边角微小孔隙越来越多。冻融循环 150 次后,试件表面砂浆逐步剥落,露出少量骨料。达到循环 200 次后,试件表面砂浆脱落,部分棱角破坏,但无大面积骨料外露情况,试块中心处变得酥散,细小孔隙不断增大,此时混凝土受冻融损伤严重。

4. 抗压强度试验

根据规范《水工混凝土试验规程》(DL/T 5150—2017),以成型时试件的侧面为上下受压面,以 0.3~0.5MPa/s 的速度连续而均匀地加载,直至试件破坏。

最终以 3 个试件测值的算术平均值作为该组试件的抗压强度试验结果。当 3 个试件中的最大值或最小值之一与中间值之差超过中间值的 15% 时,取中间值。混凝土的立方体抗压强度边长为 100mm 时,试验结果乘以换算系数 0.95。

混凝土试件经过抗压强度试验后的外观破坏情况如图 6.20 所示(见文后彩插)。

试验过程中,刚加载时试块表面有细小裂纹出现,随着应力增加,裂纹增多并发生分叉、贯通。随着应变继续增加,试块表面可见多条不连续的纵向裂缝,在相邻缝隙间形成斜向裂缝并迅速发展,以至贯通整个截面,最终形成一个破裂带。

由图 6.21 可以得出,随着冻融循环次数的增加,混凝土试件的抗压强度不断下降。这是因为,冻融循环使混凝土结构内部的孔隙数量不断增加,孔隙结构变得松散。在持续的低温作用下,孔隙水在结冰时产生冻胀力,使得裂缝从内向外扩张,胶凝材料和骨料之间的黏聚力下降,在外荷载作用下,混凝土试件遭到最终破

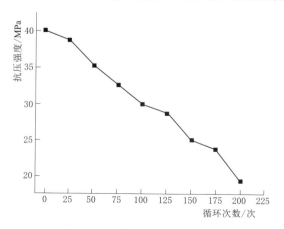

图 6.21　冻融循环次数与抗压强度关系

坏，强度不断降低。

5. 劈裂抗拉强度试验

根据规范《混凝土物理力学性能试验方法标准》（GB/T 50081—2019），将试件放在试验机下承压板的中心位置，以 0.05～0.08MPa/s 的速度连续而均匀地加载，直至试件破坏。

最终以 3 个试件测值的算术平均值作为该组试件的劈裂抗拉强度值，精确至 0.01MPa；当 3 个测值中的最大值或最小值中有一个与中间值的差值超过中间值的 15% 时，则应把最大及最小值一并舍除，取中间值作为该组试件的劈裂抗拉强度值。采用 100mm×100mm×100mm 非标准试件检测劈裂抗拉强度值，试验结果乘以尺寸换算系数 0.85。不同冻融循环次数下的劈裂破坏试件如图 6.22 所示（见文后彩插）。

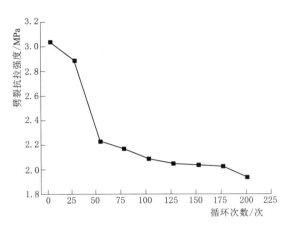

图 6.23　冻融循环次数与劈裂抗拉强度关系

从图 6.23 中可以看出，当试件经受冻融循环 50 次时，试件劈裂抗拉强度急剧下降。冻融循环 50 次之后，试件劈裂抗拉强度逐步下降，但降幅较小。

在试验过程中发现，劈裂的破坏面大都产生于试件中部区域，从破坏面上可见凸起的石子和粗糙的水泥砂浆，也有部分石子被拉坏，试件破坏时伴有脆性破坏的声音且很突然。随冻融循环次数的增多，混凝土裂缝面上的骨料被拉断的比例增加，破碎现象越严重，破坏面越呈现凹凸不平，并且有碎角情况发生。混凝土的劈裂抗拉强度随冻融循环次数的增多而降低，在冻融环境中，如果存在裂缝的情况下，也会导致混凝土抗冻耐久性急剧下降。

6. 单轴压缩状态下应力-应变曲线

混凝土在冻融循环作用下的单轴压缩的应力-应变曲线如图 6.24 所示（见文后彩插）。

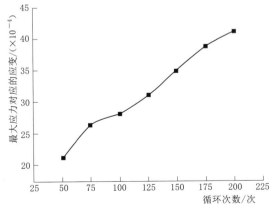

图 6.25　不同循环次数最大应力
对应的应变曲线

由于混凝土结构内部的孔隙数量不断增加，孔隙结构变得松散，在低温的持续作用下，孔隙水在结冰时会产生冻胀力，使裂缝向外扩张，胶凝材料和骨料之间的黏聚力下降，变形更大。

由图 6.24 和图 6.25 可知，峰值应力随冻融次数的增加而减小，应力值由 50 次冻融循环时的 33.5MPa，降低到 200 次循环时的 19.34MPa。峰值应变随冻融次数的增加而增加，整体上由 50 次循环时的 $21.26×10^{-4}$ 增加到 200 次循环时的 $41.13×10^{-4}$。

6.3 基于随机损伤理论的受冻融混凝土单轴压本构模型

如图 6.26 所示，将混凝土视为由无穷多个微元体组成，各微元体由相互平行且等间

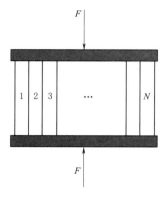

图 6.26 平行杆模型

距分布的弹脆性链杆模拟，链杆的断裂表示产生微损伤。在宏观裂缝出现之前各微元体都可能发生损伤，且发生断裂的链杆是随机的，宏观裂缝出现之后，损伤集中于薄弱面。由于混凝土是一种多相复合材料，各链杆的强度、断裂应变具有高度随机性，考虑混凝土受载过程中的损伤为连续的，故各链杆的断裂应变服从某一概率分布函数，是混凝土在损伤过程中表示微元损伤率的一种度量，宏观层面上反映混凝土的损伤程度，微观层面上表现微元体的各链杆是否断裂破坏。

由 LEMAITRE 应变等价性假说，全应力 σ 作用在损伤材料上产生的应变与有效应力作用在无损材料上引起的应变等价。因此，在冻融循环作用下混凝土的损伤本构关系可表示为

$$E_n = E_0(1 - D_n) \tag{6.5}$$
$$\sigma_n = E_0 \varepsilon (1 - D_n) \tag{6.6}$$

式中　σ_n——冻融 n 次后的应力；

　　　E_0——混凝土初始静态弹性模量；

　　　D_n——冻融 n 次后的损伤变量；

　　　ε——应变；

　　　E_n——冻融 n 次后的混凝土静态弹性模量。

将混凝土冻融损伤作为第 1 阶段损伤状态，冻融后的混凝土所受荷载作用作为第 2 阶段损伤，由应变等价原理可知，冻融后混凝土在荷载作用下的损伤本构关系为

$$\sigma = E_n \varepsilon (1 - D_n) \tag{6.7}$$

将式（6.5）代入式（6.7），冻融后混凝土在荷载作用下的本构关系为

$$\sigma = E_0 \varepsilon (1 - D) \tag{6.8}$$

其中　　　　　　　　　　　　　$D = D_c + D_n - D_c D_n$

式中　D——混凝土冻融循环受荷后的总损伤变量。

根据宏观唯象损伤力学，混凝土宏观物理力学性能的响应能够表征内部的劣化程度，混凝土冻融循环 n 次后的损伤变量 D_n 为

$$D_n = 1 - \frac{E_n}{E_0} \tag{6.9}$$

当混凝土承受荷载时，其损伤程度与各细小微元体有关，假设微元体强度符合 Weibull 分布，其概率密度函数 $P(F)$ 为

$$P(F) = \frac{a}{b} \left(\frac{F}{b} \right)^{a-1} \exp \left[-\left(\frac{F}{b} \right)^a \right] \tag{6.10}$$

式中　F——微元强度分布的分布变量；

　　a、b——Weibull 分布参数。

在单轴压缩应变条件下，混凝土微元体破坏的数目 N_d 和总微元体 N_t 可表示为

$$N_d = N_t \int_o^\varepsilon P(F) \mathrm{d}F = N_t \left\{ 1 - \exp\left[-\left(\frac{\varepsilon}{a}\right)^b \right] \right\} \tag{6.11}$$

荷载作用下的损伤变量 D_c 可用破坏微元体与总微元体的比值表示为

$$D_c = \frac{N_d}{N_t} = 1 - \exp\left[-\left(\frac{\varepsilon}{a}\right)^b \right] \tag{6.12}$$

冻融循环后混凝土在荷载作用下的总损伤变量 D 表示为

$$D = 1 - \frac{E_n}{E_0} \exp\left[-\left(\frac{\varepsilon}{a}\right)^b \right] \tag{6.13}$$

将式（6.13）代入式（6.8）可得冻融循环 n 次后混凝土受荷本构关系为

$$\sigma = E_n \varepsilon \exp\left[-\left(\frac{\varepsilon}{a}\right)^b \right] \tag{6.14}$$

应力-应变全曲线的几何边界条件为：①$\varepsilon = 0$，$\sigma = 0$；②$\varepsilon = 0$，$\dfrac{\mathrm{d}\sigma}{\mathrm{d}\varepsilon} = E_n$；③$\varepsilon = \varepsilon_{pk}$，$\sigma = \sigma_{pk}$；④$\varepsilon = \varepsilon_{pk}$，$\dfrac{\mathrm{d}\sigma}{\mathrm{d}\varepsilon} = 0$。其中，$\varepsilon_{pk}$ 为峰值应变；σ_{pk} 为峰值应力。

对式（6.14）求导可得

$$\frac{\mathrm{d}\sigma}{\mathrm{d}\varepsilon} = E_n \exp\left[-\left(\frac{\varepsilon}{a}\right)^b \right]\left[1 - b\left(\frac{\varepsilon}{a}\right)^b \right] \tag{6.15}$$

代入四个边界条件可得

$$a = \frac{\varepsilon_{pk}}{\left(\frac{1}{b}\right)^{\frac{1}{b}}}, b = \frac{1}{\ln\left(\dfrac{E_n \varepsilon_{pk}}{\sigma_{pk}}\right)} \tag{6.16}$$

本书以不同冻融条件下的 C30 混凝土单轴受压试验对混凝土冻融损伤本构模型进行参数拟合及验证，试验采用尺寸为 $100\mathrm{mm} \times 100\mathrm{mm} \times 100\mathrm{mm}$ 的 6 组试件按标准养护至预定龄期后，将其浸泡在水中，参照《普通混凝土长期性能和耐久性试验方法标准》（GB/T 50082—2009）的"快冻法"进行冻融实验，得到不同冻融循环次数下的峰值应力、应变，利用式（6.16），得到试验曲线对应的参数 a、b，利用 Matlab 软件的 cftool 函数进行拟合得到 a、b 与冻融循环次数 N 之间的关系（表 6.3）：

$$a = 0.003068\exp(0.004985n) + 0.0007213\exp(-0.01155n)$$

$$b = 5.253 - 1.099\cos(0.06628n) + 2.428\sin(0.06628n)$$

表 6.3　　　　　　　　　　　　　不同冻融循环的试验曲线拟合

冻融循环次数	峰值应力	峰值应变	参数 a	参数 b
0	39.26	0.002676	0.003737	4.513362
25	33.81	0.003057	0.004416	2.632721
50	28.96	0.003055	0.004003	7.405811

续表

冻融循环次数	峰值应力	峰值应变	参数 a	参数 b
75	25.09	0.003309	0.004399	6.663819
100	17.14	0.003867	0.005508	3.694882
125	8.52	0.004162	0.00599	3.156926

a 和 b 与冻融循环次数 n 关系如图 6.27 所示。

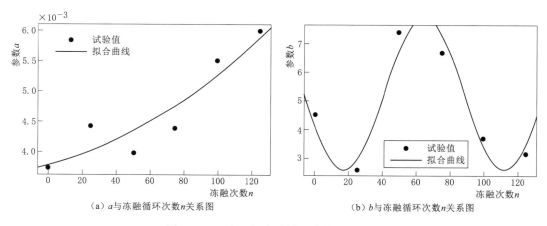

（a）a 与冻融循环次数 n 关系图　　　　（b）b 与冻融循环次数 n 关系图

图 6.27　a 和 b 与冻融循环次数 n 关系图

由图 6.28（见文后彩插）可知，冻融条件下 Weibull 分布的模型参数 a 主要与峰值应变有关，参数 b 主要决定应力-应变曲线下降段的形状，反映混凝土的脆性。不同冻融循环次数下，混凝土单轴受压荷载下的损伤演化方程和损伤本构方程为

$$D = 1 - \exp\left[-\left(\frac{\varepsilon}{70.001365 + 0.002312\cos0.01953n + 0.001921\sin0.01953n}\right)^{4.288\exp(-0.02113n)}\right]$$

$$\sigma = E\varepsilon\exp\left[-\left(\frac{\varepsilon}{70.001365 + 0.002312\cos0.01953n + 0.001921\sin0.01953n}\right)^{4.288\exp(-0.02113n)}\right]$$

图 6.29（见文后彩插）为试验的损伤演化曲线和理论拟合的应力-应变曲线，Weibull 模型拟合的曲线上升段与试验曲线上升段几乎重合，下降段却有所差异，这是当应变超过峰值应变后，混凝土试件的变形机制由裂缝的扩展变为剪切带的滑移，试件的压力主要由滑移面上的摩擦咬合力和裂缝所分割成的混凝土小柱体的残余强度提供的，而 Weibull 模型无法模拟混凝土试件单轴受压反弯点后的受力与变形机制，但是在应变超过 2 倍峰值应变之后，属于后期破坏形态，已失去结构意义。因此，基于 Weibull 的混凝土损伤本构模型，可以满足工程应用的精度，具有一定的合理性。

如图 6.29 所示，冻融循环后的混凝土在单轴压缩荷载下的损伤变量 D 随应变呈"S"形单调增加趋势，且随着冻融循环作用次数增多其增加速率降低；损伤变量在峰值状态之前增长缓慢，当应变超过峰值应变后，损伤变量 D 增长速率变大，而后趋于稳定；损伤在混凝土应力-应变全曲线过程中不同阶段的发展状态相一致，冻融 75 次左右试块内部损伤严重，力学性能受到显著影响，说明考虑冻融循环作用的混凝土损伤变量演化过程是符合实际的。

6.4 小　　结

本章分析了高海拔寒冷地区配制混凝土时所用到的原材料，确定了高海拔寒冷地区混凝土配合比，结合西藏地区冬季平均温度，冻结时试件中心温度为 $-16℃$，融解时试件中心温度为 $6℃$，进行了高海拔寒冷地区混凝土抗冻耐久性的试验，具体成果如下：

（1）随着冻融循环次数的增加，混凝土试件的表面损伤不断增加，冻融循环导致混凝土试件表面出现凹坑，个别的试件出现砂浆剥落现象。冻融循环 75 次后试件表面开始轻微破坏，冻融循环 150 次后试件表面砂浆逐步剥落，露出少量骨料。冻融循环达到 200 次时，试件表面砂浆脱落，部分棱角破坏，但无大面积骨料外露情况。

（2）在外荷载作用下，混凝土试件遭到最终破坏，试件初始时抗压强度为 40.1MPa，经过 200 次冻融循环后抗压强度为 19.4MPa，在冻融循环过程中强度不断降低，在 175 次冻融循环后强度比初始下降了 50%。

（3）混凝土的劈裂抗拉强度随冻融循环次数的增多而降低，试件初始时抗拉强度为 3.04MPa，50 次冻融循环后抗拉强度为 2.23MPa，下降速度最大，200 次冻融循环后抗压强度为 1.94MPa。随冻融循环次数的增多，混凝土裂缝面上的骨料被拉断的比例增加，破碎现象越严重，破坏面越呈现凹凸不平，并且有碎角情况出现。

（4）混凝土试件应力-应变曲线的上升段趋向平缓，且其峰值应力逐步降低，对应的峰值应变则呈现出明显的线性增大趋势。峰值应力随冻融次数的增加而减小，应力值由 50 次循环时的 33.5MPa，降低到 200 次循环时的 19.34MPa。峰值应变随冻融次数的增加而增加，整体上由 50 次循环时的 21.26×10^{-4} 增加到 200 次循环时的 41.13×10^{-4}。

（5）基于受冻融混凝土宏观唯象的离散性及细观损伤的随机性，建立基于 Weibull 统计分布理论的混凝土冻融损伤单轴受压本构模型。通过理论曲线与试验曲线的对比分析表明，所提本构模型能较准确地描述冻融损伤后混凝土的单轴受压应力-应变关系，且形式简单，参数易于确定，可为冻融损伤后混凝土的本构关系研究及非线性分析提供有益的参考。

本 章 参 考 文 献

［1］　徐小巍. 不同环境下混凝土冻融试验标准化研究［D］. 浙江：浙江大学，2010.

［2］　曹秀丽，曹志翔，喻骁，等. 冻融循环对混凝土质量损失及相对动弹模量影响的试验研究［J］. 铁道建筑，2013：125-127.

［3］　赵卓钰. 冻融循环作用下碾压混凝土动态力学性能试验研究［D］. 西安：西京学院，2021.

［4］　水工混凝土试验规程：DL/T 5150—2017［S］.

［5］　水工混凝土配合比设计规程：DL/T 5330—2015［S］.

［6］　混凝土物理力学性能试验方法标准：GB/T 50081—2019［S］.

［7］　刘怡媛. 高海拔寒冷地区混凝土抗冻耐久性研究［D］. 西安：西安工业大学，2021.

［8］　包永刚. 基于冻融损伤的纤维混凝土耐久性研究［D］. 郑州：郑州大学，2014.

［9］　阳世龙，刘柳. 基于快冻法的透水再生混凝土冻融试验及其力学性能研究［J］. 混凝土，2021：

151 - 154.

[10]　张玉海，李向阳，白杨军，等. 青藏铁路新增西宁至格尔木二线冬期混凝土施工技术与混凝土冻融试验研究 [J]. 粉煤灰，2007：1 - 5.

[11]　肖治微. 高寒地区混凝土抗冻性试验研究 [D]. 重庆：重庆交通大学，2010.

[12]　郑奎，陈昌文，江宇，等. 西藏地区河卵石混凝土材料抗冻性试验研究 [J]. 材料研究与应用，2014：17 - 19.

[13]　何晓雁. 普通混凝土耐久性研究 [D]. 呼和浩特：内蒙古工业大学，2005.

[14]　刘性硕，郭小睿. 冻融循环条件下引气剂对混凝土抗渗性和抗冻性影响的试验研究 [J]. 科学技术与工程，2016：241 - 245.

[15]　陈再兴. 青藏高原地区混凝土抗冻设计及措施研究 [D]. 西安：西安建筑科技大学，2017.

[16]　宇晓，张莹秋，袁书成，等. 混凝土抗冻耐久性研究进展 [J]. 混凝土，2017：15 - 20.

[17]　胡江. 不同掺合料及含气量对寒区混凝土耐久性影响研究 [D]. 重庆：重庆大学，2009.

[18]　白闻平. 聚丙烯纤维引气混凝土力学性能及抗冻性能的试验研究 [D]. 呼和浩特：内蒙古农业大学，2012.

第7章　高寒地区混凝土坝地基体系抗震分析与安全评价

7.1　引　　言

1. 混凝土冻融破坏机理

混凝土因其材料来源广泛、抗压强度高、易成型等诸多优点，被广泛应用于工程建设中，我国北方地区服役的混凝土结构，长期经历冻融循环作用，使混凝土结构过早破坏，因此，对这些结构的力学性能进行分析，预测服役期结构抗震动力特性具有重要的研究意义[1-2]。混凝土材料冻融破坏机理起源于 1945 年由 Powers 等人提出的静水压假说，认为混凝土材料的冻融破坏归因于混凝土材料空隙中的静水压力[3]，当空隙溶液达到一定温度以下，会由体积较小的液体状态转化为体积较大的固体状态，持续凝结的固态部分会不断挤压液体部分的空间，随着循环次数的增加，损伤逐渐累积，最终达到破坏应力，但在完全饱水时对于孔隙率较高的材料，静水压假说不适用。1975 年，Powers 等人提出渗透压假说，认为混凝土冻融破坏起源于空隙溶液间的浓度差，由于凝结区的溶剂变为固态，溶液浓度上升，与未凝结区域产生浓度差[4-5]，进而产生渗透压，从而导致溶剂从未凝结区转移到凝结区，随着循环次数的增加，损伤累计至破坏应力。静水压假说与渗透压假说实质上都认为破坏是由于孔隙内部溶液转移的结果，静水压假说认为孔隙内部溶液由凝结区转移向未凝结区，而渗透压假说认为孔隙内部溶液是由未凝结区转移向凝结区（图 7.1）。关于混凝土冻融破坏机理的研究还有很多，如 Litvan 的运动受阻理论[6]、M. J. Setzer 的 Setzer 模型[7] 等，但大部分都是以纯物理模型为起点，通过一系列假设与推导建立的，不具有普遍性。因此，对于混凝土材料冻融破坏机理，目前国内外依然没有得到统一的结论，其中 Powers 提出的静水压假说与渗透压假说依然是目前国内外学者最为公认的假说之一。

2. 冻融损伤混凝土力学性能

混凝土是弹黏塑性材料，仅按反映材料弹性性能的指标来评价混凝土受冻后的性能是不全面的，混凝土冻融损伤后，内部产生微裂纹并残留不可逆的残余膨胀变形，引起混凝土体积膨胀[8]。2009 年王宏业等人以混凝土冻融循环次数为变量修正了的 Ottosen 准则，开发考虑冻融循环作用的混凝土材料本构模型[9]。2011 年，冀晓东等人以连续损伤理论为基础，以混凝土材料泊松比与弹性模量作为损伤变量，建立了混凝土材料在冻融循环作用下的破坏准则[10]。2015 年，关虓等人根据混凝土材料在不同冻融循环次数作用下的应力-应变曲线特性，建立了混凝土材料的冻融损伤演化方程[11]。2018 年，刘凯华进行了引气再生混凝土材料在冻融循环作用下的单调与循环受压试验，提出了考虑塑性应变的应力

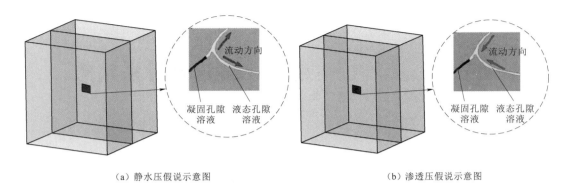

（a）静水压假说示意图　　　　　　　　　　　　（b）渗透压假说示意图

图 7.1　Powers 提出的冻融破坏机理假说

-应变预测模型[12]。但现阶段对于冻融后的混凝土材料力学性能的研究大都未考虑材料损伤机理，仅仅停留在试验数据的分析上，不能很好地反映构件的力学机制。商怀帅等基于疲劳累计损伤的冻融可靠度分析模型对混凝土冻融损伤特性进行分析[13]；杜鹏等则使用残余应变来表征由冻融引起的混凝土内部损伤程度[14]；田威等采用强度损伤系数来描述混凝土冻融损伤随冻融次数的变化规律[15]；段安等采用随机损伤变量对混凝土冻融损伤进行了研究[16]。以上这些研究大都是针对冻融作用本身对混凝土损伤规律的影响，对有关冻融循环作用后混凝土受荷载作用下损伤发展规律及其应力-应变本构模型研究较少。

　　3. 冻融循环下混凝土重力坝抗震性能

　　在抗震设防区，抗震性能设计在混凝土结构计算中占有主导地位。对于未经受耐久性损伤的混凝土重力坝，国内外学者已经做了大量的抗震性能方面的试验研究和理论分析；而对于耐久性损伤，尤其是涉及冻融损伤后结构或构件恢复力性能的试验研究和理论分析较少。同时，对于冻融耐久性损伤试验而言，具有试件制作繁杂、试验周期长、实验室条件比自然大气条件严苛、试验结果离散性大等特点[17-18]。所以，如何既快速又准确地研究耐久性因素对结构力学性能的影响是一个非常矛盾的问题。为此，本章运用有限元软件ABAQUS 模拟冻融损伤混凝土在荷载作用下的力学行为，建立基于过镇海理论的冻融循环混凝土单轴受压、受拉损伤本构模型，研究冻融后混凝土的力学行为及其损伤演化规律，将其应用至寒区某混凝土重力坝，研究不同冻融循环作用下混凝土重力坝的动力损伤特性，为混凝土冻融对重力坝抗震性能影响提供技术支撑。

7.2　混凝土冻融损伤本构模型

　　冻融对混凝土材料是一种劣化行为，不论是物理性能指标还是力学性能指标，都随着冻融循环的深入而逐渐退化，本章在进行有限元数值计算时，在未冻融混凝土损伤塑性本构模型的基础上，考虑冻融损伤对模型相关参数的影响，建立冻融循环后混凝土损伤弹塑性本构模型。

7.2.1　受冻融混凝土的损伤弹塑性模型

　　1. 冻融损伤混凝土受压应力-应变全曲线模型

　　混凝土单轴受压应力-应变曲线反映了混凝土受压全过程的重要力学特性，是混凝土构件受力分析、建立承载力和变形计算理论的必要依据，也是利用计算机进行非线性分析的基础。本章对于冻融损伤的混凝土，和未冻融的混凝土一样，采用过镇海[19] 建议的混凝土受压应力-应变全曲线基本方程，将应力-应变全曲线无量纲化，$x = \varepsilon / \varepsilon_c^d$，$y = \sigma / f_c^d$，方程具体形式为

$$y = \frac{\sigma}{f_c^d} = \begin{cases} a_a^d x + (3 - 2a_t^d)x^2 + (a_t^d - 2)x^3, & x = \varepsilon / \varepsilon_c^d \leqslant 1 \\ \dfrac{x}{a_b^d(x-1)^{1.7} + x}, & x = \varepsilon / \varepsilon_c^d \geqslant 1 \end{cases} \tag{7.1}$$

其中

$$a_a^d = E_c^d f_c^d / \varepsilon_c^d = E_c^d / E_p^d$$

式中　f_c^d——冻融损伤混凝土受压应力-应变曲线的峰值压应力；

　　　ε_c^d——冻融损伤混凝土受压应力-应变曲线的峰值压应变；

　　　a_a^d——曲线上升参数，为冻融损伤后混凝土初始弹性模量 E_c^d 与峰值变形模量 E_p^d 之比；

　　　a_b^d——曲线下降段参数。

2. 冻融损伤混凝土受拉应力-应变全曲线模型

在现有未冻融混凝土受拉本构模型的基础上，本章采用过镇海建议的混凝土受拉应力-应变曲线，方程的具体形式为

$$y = \frac{\sigma}{f_t^d} = \begin{cases} 1.2x - 0.2x^6, & x = \varepsilon / \varepsilon_c^d \leqslant 1 \\ \dfrac{x}{a_t^d(x-1)^{1.7} + x}, & x = \varepsilon / \varepsilon_c^d \geqslant 1 \end{cases} \tag{7.2}$$

其中

$$a_t^d = 0.312(f_t^d)^2$$

式中　f_t^d——冻融损伤混凝土受拉应力-应变曲线的峰值拉应力；

　　　ε_t^d——冻融损伤混凝土受拉应力-应变曲线的峰值拉应变；

　　　a_t^d——冻融损伤混凝土受拉应力-应变曲线下降段参数。

根据《混凝土结构设计规范》（GB 50010—2010）附录 C，软化段的受拉损伤演化参数 d_t 可表示为

$$d_t = 1 - \frac{\rho_t}{a_t^d(x-1)^{1.7} + x} \tag{7.3}$$

其中

$$\rho_t = \frac{f_t^d}{E_t^d \varepsilon_t^d}, \quad x = \frac{\varepsilon}{\varepsilon_t^d}$$

7.2.2　不同冻融循环下损伤本构模型参数的确定

由于实验室环境与自然大气环境冻融条件的差异、试块冻融与结构或构件冻融方式的差异、混凝土材料配比及施工误差等诸多原因，导致大量的标准冻融试验结果不能直接用于混凝土结构或构件的冻融损伤研究中。如何摒弃这些差异，抓住混凝土冻融损伤的本质，是建立冻融损伤后混凝土本构曲线的关键。本章借鉴王燕[20] 思路，引入冻融前后的"相对抗压强度"f_c^d / f_c 作为冻融损伤的表征量，在回归分析已有冻融循环试验数据的基础上，建立冻融循环后混凝土塑性损伤本构模型的各个参数与"相对抗压强度"的关系方程。

1. 混凝土受压

拟合混凝土单调受压的本构模型需要的参数有：冻融损伤混凝土受压应力-应变曲线的峰值压应力 f_c^d、峰值压应变 ε_c^d、初始弹性模量 E_c^d、峰值变形模量 E_p^d、曲线上升段参数 α_a^d、曲线下降段参数 α_b^d 及受压损伤演化参数。

（1）峰值压应力 f_c^d。研究发现，冻融后混凝土的峰值压应力 f_c^d 随冻融循环次数的增加而降低，其与相对抗压强度的关系如图7.2所示，回归方程为

$$f_c^d / f_c = 1 - 0.0058n, \quad R^2 = 0.9735 \tag{7.4}$$

式中　E_c——未冻融混凝土的弹性模量。

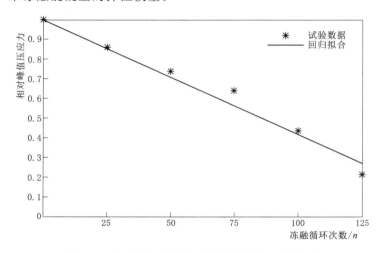

图 7.2　相对峰值压应力与冻融循环次数的关系

（2）峰值压应变 ε_c^d。试验研究发现，冻融循环后的混凝土峰值压应变随抗压强度的升高而减小，其与相对抗压强度的关系如图7.3所示，回归方程为

$$\varepsilon_c^d / \varepsilon_c = 1.041(f_c^d / f_c)^{-0.3262}, \quad R^2 = 0.9555 \tag{7.5}$$

式中　ε_c——未冻融混凝土的峰值压应变。

（3）弹性模量 E_c^d。冻融循环后的混凝土弹性模量随相对抗压强度的降低而减小，其与相对抗压强度的关系如图7.4所示，回归方程为

$$E_c^d / E_c = 1.025(f_c^d / f_c)^{1.384}, \quad R^2 = 0.9841 \tag{7.6}$$

式中　E_c——未冻融混凝土的弹性模量。

（4）峰值变形模量 E_p^d。冻融循环后的混凝土峰值变形模量 E_p^d 随相对抗压强度的降低而减小，其与抗压强度的关系如图7.5所示，回归方程为

$$E_p^d / E_p = 0.987(f_c^d / f_c)^{1.323}, \quad R^2 = 0.9848 \tag{7.7}$$

式中　E_p——未冻融混凝土的峰值变形模量。

（5）上升段参数 α_a^d。由式（7.6）和式（7.7）进而得到受冻融混凝土受压本构曲线上升段参数 α_a^d：

$$\alpha_a^d = \frac{E_c^d}{E_p^d} = 1.0385 \frac{E_c}{E_p}\left(\frac{f_c^d}{f_c}\right)^{0.061} = 1.0385\alpha_a\left(\frac{f_c^d}{f_c}\right)^{0.061} \tag{7.8}$$

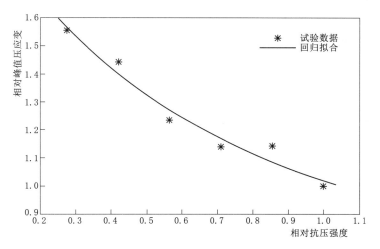

图 7.3　相对峰值压应变与相对抗压强度的关系

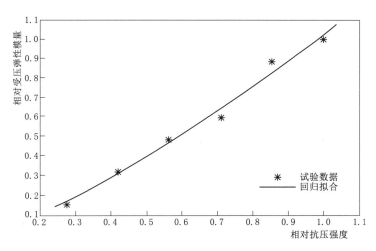

图 7.4　相对受压弹性模量与相对抗压强度的关系

式中　α_a——未冻融混凝土受压本构曲线上升段参数。

（6）下降段参数 α_b^d。对于受冻融混凝土受压本构曲线下降段参数 α_b^d，本章借鉴段安[16] 的研究结果：

$$\frac{f_c^d}{f_c} = 1 - 200 f_{cu}^{-3.0355} n$$

$$\frac{\alpha_b^d}{\alpha_b} = -\{5.8159\exp(-0.3087 f_{cu})n^2 + [14.097\exp(-0.1803 f_{cu})]n\} + 1$$

(7.9)

由式（7.9）可得到以相对抗压强度作为变量的受冻融混凝土受压本构方程下降段参数 α_b^d 的表达式为

$$\alpha_a^d = \left(-3.9261 \frac{f_c^d}{f_c} + 5.1149\right)\alpha_b$$

(7.10)

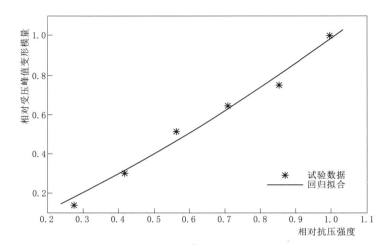

图 7.5 相对受压峰值变形模量与相对抗压强度的关系

式中 α_b——未冻融混凝土应力-应变关系下降段参数。

（7）受压损伤演化参数 d_c。受冻融混凝土单轴受压损伤演化参数 d_c 为

$$d_c = 1 - \frac{1 - d_c^0}{1.0117 (f_c^d / f_c)^{2.8297}} \tag{7.11}$$

式中 d_c^0——未冻融混凝土受压损伤演化参数。

（8）混凝土受压应力-应变全曲线。归一化 f_t^d、ε_t^d 可得到高寒地区重力坝混凝土 C30 冻融循环后的单轴受压应力-应变曲线，如图 7.6 所示。

2. 混凝土受拉

由于试验条件的限制，本章未进行有关冻融循环后混凝土受拉的应力-应变曲线研究，因此参考目前有限的冻融损伤混凝土单轴受拉的相对峰值拉应力、相对峰值拉应变、相对受拉弹性模量的试验成果，分别建立与相对抗压强度的回归关系。如图 7.7 所示，得到受冻融混凝土单轴受拉损伤演化曲线[10,13,21-24]。

（1）峰值拉应力 f_t^d。

$$f_t^d = 1.0058 \left(\frac{f_c^d}{f_c} \right)^{1.0051} f_t \tag{7.12}$$

式中 f_t——未冻融混凝土的峰值拉应力。

（2）峰值拉应变 ε_t^d。

$$\varepsilon_t^d = 0.9973 \left(\frac{f_c^d}{f_c} \right)^{1.0057} \varepsilon_t \tag{7.13}$$

式中 ε_t——未冻融混凝土的峰值拉应变。

（3）受拉弹性模量 E_t^d。

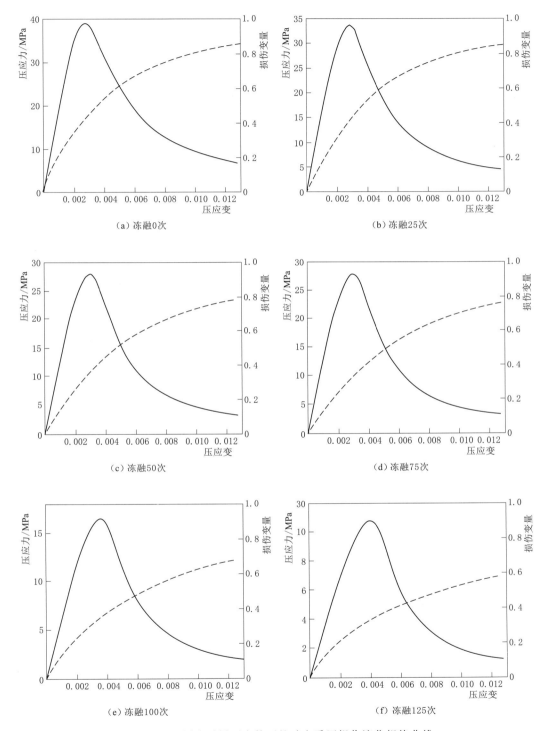

（a）冻融0次　　　　　　　　　　　　　（b）冻融25次

（c）冻融50次　　　　　　　　　　　　　（d）冻融75次

（e）冻融100次　　　　　　　　　　　　（f）冻融125次

图 7.6　不同冻融循环次数下的动态受压损伤演化规律曲线

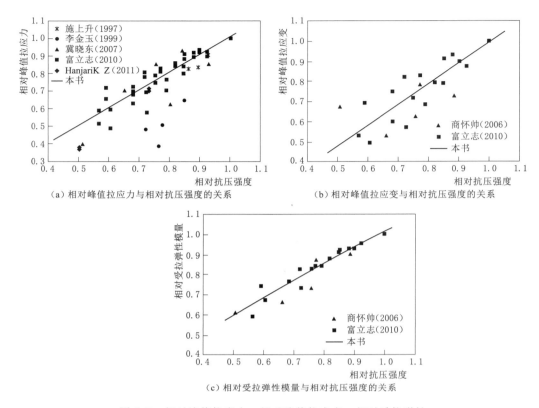

图 7.7　相对峰值拉应力、相对峰值拉应变、相对受拉弹性
模量与相对抗压强度的回归关系

$$E_t^d = 1.0175 \left(\frac{f_c^d}{f_c} \right)^{0.7661} E_t \tag{7.14}$$

式中　E_t——未冻融混凝土的受拉弹性模量。

（4）受拉损伤演化参数。

$$d_t = 1 - \frac{0.9912(f_c^d/f_c)^{-0.818} \rho_t^0}{\alpha_t^0 1.0116(f_c^d/f_c)^{2.0102} \left[1.0027(f_c^d/f_c)^{-1.057} x^0 - 1 \right]^{1.7} + 1.0027(f_c^d/f_c)^{-1.057} x^0} \tag{7.15}$$

其中
$$\rho_t^0 = \frac{f_t}{E_t \varepsilon_t}, \quad x^0 = \frac{\varepsilon}{\varepsilon_t}$$

（5）混凝土受拉应力-应变全曲线。归一化 f_t^d、ε_t^d 可得到高寒地区重力坝混凝土 C30 冻融循环后的单调受拉应力-应变曲线，如图 7.8 所示。

3. 其他参数

混凝土损伤模型还需定义其他相关参数，包括泊松比 ν、膨胀角 ψ、流动势偏移值 $\in$、拉伸子午面和压缩子午面上的第二应力不变量之比 K_c、黏性系数 μ，具体参数的取值见表 7.1。

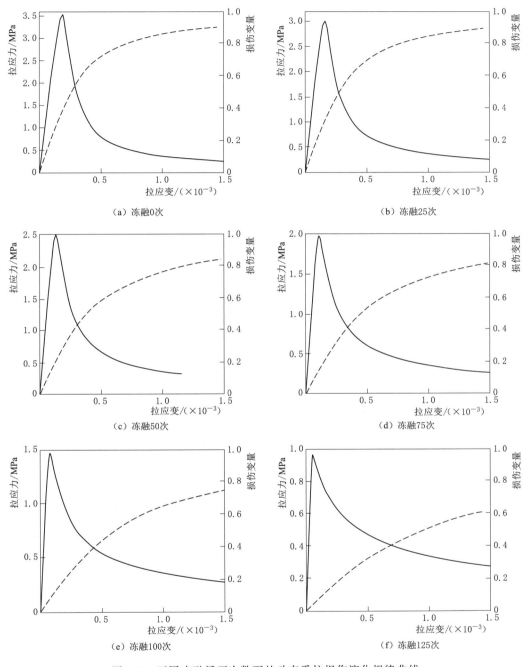

图 7.8　不同冻融循环次数下的动态受拉损伤演化规律曲线

表 7.1　　　　　　　　　　混凝土的塑性损伤模型参数

ν	ψ	$\in$	K_c	μ
0.2	30°	0.1	0.667	0.01

7.3 损伤有限元计算方法

在考虑损伤的有限元求解过程中,需要先选择合适的损伤变量并确定其演化方程,与结构的几何方程、物理方程等联立求解损伤定解问题,最后根据求解所得的损伤场来判断结构的损伤程度。为考虑材料的损伤,需要将损伤场与应力-应变场相互耦合,通常可以使用以下几种方法。

1. 全解耦方法

全解耦方法认为损伤对于材料应力-应变的影响很小,因此先不考虑损伤,使用无损材料的本构进行计算得到其应力及应变场,据此计算材料的损伤,进而获得随时间或者荷载变化的损伤场,最后通过损伤临界条件判断损伤的程度。这种方法在应力分析的过程中未计入材料损伤的影响,与常规无损材料的计算无异,使得该方法的工作量较少。但是,也正是由于该方法未考虑损伤对应力-应变的影响,使得其对于损伤场的计算偏于保守。

2. 全耦合方法

由于损伤的累积,材料的力学性能将会逐渐产生劣化,进而导致应力-应变的重新分布。因此,全耦合方法在应力分析过程中考虑了材料损伤的影响,进而求得材料的损伤场和应力-应变场。该方法在数学上是严格的,但是材料损伤的引入也导致计算的工作量急剧增加。

3. 半解耦方法

这是一种介于以上两种方法之间的方法。一般较为常用的做法是在材料本构方程中考虑损伤的影响,而在平衡方程中不考虑损伤。半解耦方法的工作量在以上两种方法之间。

全耦合方法虽然能够准确地反映材料的损伤场与应力-应变场之间的相互影响作用,但也极大地增加了工作量;全解耦方法虽然工作量小,但完全忽略了损伤对于应力-应变场的影响,仅根据应力-应变场通过损伤临界条件来判断材料损伤的程度,导致其对于损伤场的计算偏于保守。而在本构方程中考虑损伤的半解耦方法不仅能够有效地考虑损伤对应力-应变场的影响,还显著地降低了工作量,因此本章拟使用半解耦的方法来考虑损伤的影响。

7.4 高寒地区混凝土重力坝冻融损伤动力损伤分析

在寒区和高寒区的气温较低,混凝土结构受冻融循环影响较严重,该地区的高坝受冻融作用较普遍,并且冻融作用对大坝结构的影响深度也没有准确的衡量标准。本章结合混凝土试验的单轴受压-受拉冻融损伤本构模型,模拟高寒地区坝体在地震作用下冻融前后损伤路径、应力云图等损伤机理,探究混凝土高坝的力学损伤规律,为实际工程提供理论依据。

7.4.1 工程概况

1. 地震资料

场址区内无区域性活动断裂带通过,根据中国地震灾害防御中心完成、中国地震局批复的《西藏某水电站工程场地地震安全性评价报告》，坝址区50年超越概率10%、5%的基岩地震动峰值加速度为179gal、236gal，100年超越概率2%、1%基岩地震动峰值加速度为412gal、498.6gal，地震基本烈度为Ⅷ度，根据坝址地震危险性分析结果及坝址基岩场地设计地震动反应谱分析结果，坝址四种超越概率水平的基岩场地设计地震动参数见表7.2。

表7.2 坝址基岩场地设计地震动参数

概率水平	地震系数 K	放大系数 β_m	地震影响系数最大值 α_{max}	特征周期 T_g	衰减系数 c
50年10%	0.179	2.5	0.44	0.40	0.8
50年5%	0.236	2.5	0.59	0.42	0.8
50年2%	0.337	2.5	0.84	0.44	0.8
100年2%	0.412	2.5	1.03	0.46	0.8

2. 主要计算荷载

根据《水工建筑物荷载设计规范》（SL 744—2016），并参考《混凝土重力坝设计规范》（SL 319—2018）和《水电站厂房设计规范》（SL 266—2014），坝体的作用考虑如下：

（1）自重。坝体混凝土密度2400kg/m³，按实际结构体积考虑其自重作用。

（2）静水压力。大坝上游库水位取正常蓄水位，高程为263.5m。

（3）扬压力。按坝体和厂房整体建基面考虑扬压力，根据上下游水位、防渗帷幕和排水孔位置确定浮托力和渗透扬压力，渗透扬压力系数 $\alpha_1=0.5$，$\alpha_2=0.2$。

（4）淤沙压力。淤沙浮容重为6.0kN/m³，淤沙摩擦角为12°。

（5）浪压力。多年平均风速为1.6m/s，实测最大风速为19.0m/s，多年平均最大风速为13.8m/s。根据坝址风速资料计算库水浪压力作用。

（6）地震作用。本工程大坝抗震设防类别为乙类，其抗震设防烈度为Ⅷ度，主要建筑物及枢纽区边坡等采用50年超越概率5%的基岩水平向地震动峰值加速度为236gal设计。采用水工抗震规范标准反应谱合成人工地震波，即"规范波"，图7.9为归一化的"规范波"，为加速度时程。图7.10、图7.11为运用Seismo Signal基于加速度波拟合出来的速度时程和位移时程曲线。

7.4.2 有限元模型

坝底高程为178m，坝顶高程为269.5mm，基岩范围取坝底宽的1.5倍。为考虑坝与库水动力相互作用，依据Westergaard公式在坝面设置了质量单元，ABAQUS采用其用户自定义单元，自编Matlab程序实现。有限元模型如图7.12所示，X 向为顺河向，指向下游为正；Y 向为竖向，指向上为正；Z 向为横河向，指向右岸为正，人工边界采用黏弹性边界条件。

7.4.3 计算方案

表7.3是重力坝冻融前后自振频率对比，由于冻融循环作用对混凝土重力坝的累积损伤，坝体刚度衰减，自振频率变小；同时水体的作用相当于在坝面上施加了质量，从而降低了坝体的自振频率，延长了大坝的振动周期。

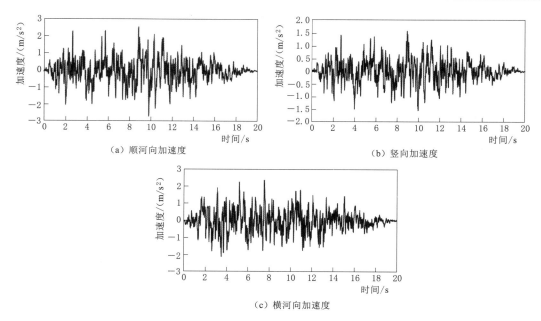

图 7.9 规范谱生成的归一化人工加速度地震波

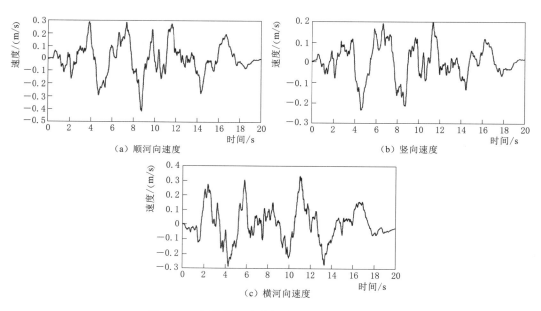

图 7.10 规范谱加速度拟合的人工速度地震波

表 7.3 重力坝冻融前后自振频率

阶 次		1	2	3	4	5	6	7	8	9	10
冻融 0 次	空库	3.07	5.38	6.38	11.23	14.92	17.05	20.00	22.61	24.92	26.94
	满库	2.53	5.26	5.70	10.31	13.92	15.72	16.22	19.46	21.81	23.04
冻融 100 次	空库	2.65	4.43	5.25	9.24	12.28	14.03	16.46	18.61	20.51	22.17
	满库	2.08	4.33	4.69	8.49	11.46	12.94	13.36	16.02	17.96	18.97

130

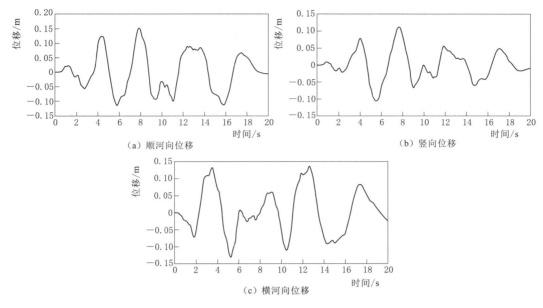

图 7.11　规范谱加速度拟合的人工位移地震波

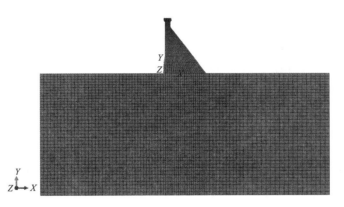

图 7.12　有限元模型

1. 冻融前后静水压力损伤分析

冻融循环前后静水压力作用下坝体顺河向和竖向位移云图如图 7.13、图 7.14 所示（见文后彩插）。可以看出：冻融前在静水压力作用下坝体顺河方向最大位移和坝体竖向最大位移分别发生在坝顶和坝踵，并且位移云图相等，说明静水压力作用下，坝体处于弹性阶段，冻融作用对静水压力下顺河向和竖向位移未产生影响。

冻融循前后静水压力作用下丰满坝体第一主应力云图和第三主应力云图如图 7.15、图 7.16 所示（见文后彩插）。可以看出：冻融前后第一主应力和第三主应力的极值发生位置基本相同，均出现在坝趾和坝顶，验证静水压力作用下，坝体处于弹性阶段，冻融作用对静水压力下顺河向和竖向位移未产生影响。

2. 冻融前后动水压力损伤分析

冻融循环前后动水压力作用下坝体顺河向和竖向位移云图如图 7.17、图 7.18 所示（见文后彩插），冻融作用前后顺河向和竖向最大位移发生位置基本相同，均出现在坝体上下游折坡处和坝顶位置，但冻融后位移都有所增长，最大位移值可达 0.165m，与冻融前相比提升了 18.6%，竖向位移最大值达到 0.545m。因此，在寒冷地区重力坝需关注折坡处和坝顶位置的位移幅值，避免产生过大变形，可对折坡点到坝顶位置增加抗震措施，并有效提高坝肩稳定性。

冻融循环前后动水压力作用下丰满坝体第一主应力云图和第三主应力云图如图 7.19、图 7.20 所示（见文后彩插）。在动水压力作用下坝体大部分出现拉应力，随着地震波的不断增大，坝体内部应力不断提升。冻融前第一主应力发生在坝踵、下游折坡处、裂缝中心位置，与冻融前相比，冻融之后第一主应力明显呈现多样化，坝体承受应力明显变小，但冻融前后第一主应力超过混凝土抗拉强度，并且坝体随着地震的发生变形更明显，因此，在设计和运行管理时需重点注意这些位置，采取抗震措施。

3. 冻融前后压损伤分析

冻融循环前后静水压力作用下丰满坝体第一主应力云图和第三主应力云图如图 7.21、图 7.22 所示（见文后彩插）。冻融前后坝体拉伸损伤路径相似，均出现在坝踵和下游折坡处下方，但冻融后拉伸损伤面积明显增大。在时间节点上，明显冻融作用后应力集中出现时间和裂缝出现时间都有所提前，相比冻融作用前，裂缝出现时间均提前了 2s 左右。而对于只承受静水压力、自身重力、扬压力等静荷载作用的坝体，明显裂缝发展更为迅速，拉伸损伤范围更广，损伤时间更为提前，更能清晰地观察坝体损伤的全过程。

由于地震荷载总是在一定的幅值范围内往复变化，大坝的部分裂纹也随着地震加速度的变化以及自身重力作用而发生扩展、闭合、再扩展。相较于拉伸损伤，压缩损伤在大坝抗震过程中对坝体的影响甚小。一般情况下，坝体损伤破坏均是由拉伸损伤所引起的，同时，传递给大坝的荷载总是在大坝的抗拉伸破坏应力范围之内，因此大坝始终保持总体的稳定性。在强震作用下，裂纹已无法在压缩应力的作用下闭合，坝体下游折坡处到上游近水点易产生贯穿损伤，此位置对于坝体的抗震来讲是相对较脆弱的位置。因此，下游折坡处需增加抗震措施或提高混凝土标号，坝体与坝基交接处也需重点注意。

通过图 7.23 和图 7.24（见文后彩插），可对比分析经历 0 次、50 次、150 次冻融循环后，混凝土重力坝特征位置的应力、位移曲线。

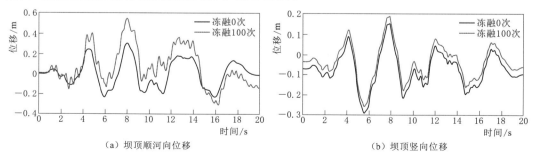

(a) 坝顶顺河向位移　　　　　　　　(b) 坝顶竖向位移

图 7.23　冻融前后坝顶顺河向和竖向位移对比图

7.5 小 结

本书考虑冻融循环后混凝土单轴压缩、拉伸力学特性，建立冻融混凝土的损伤弹塑性模型，通过 ABAQUS 软件建立考虑动水附加质量的重力坝有限元模型，对比冻融作用前后动静水压力作用下，坝体特征位置变形、主应力、拉伸应力损伤等非线性响应，分析地震波作用下的发展规律，探讨坝体易损伤位置和损伤路径，研究混凝土冻融作用前后的损伤变化规律，具体所得结论如下：

（1）在地震波作用下，冻融前后顺河向和竖向最大位移发生位置基本相同，均在坝体上下游折坡处和上游坝顶位置，但冻融后位移都有所增长，最大位移值可达 0.165m，与冻融前相比提升了 18.6%，竖向位移最大值达到 0.545m。因此，在寒冷地区重力坝需关注折坡处和坝顶位置的位移幅值，避免产生过大变形，可对折坡点到坝顶位置增加抗震措施，并有效提高坝肩稳定性。

（2）在地震波作用下，坝体大部分出现拉应力，随着地震波的不断增大，坝体内部应力不断提升。冻融前第一主应力发生在坝踵、下游折坡处、裂缝中心位置，与冻融前相比，冻融之后第一主应力明显呈现多样化，坝体承受应力明显变小，但冻融前后第一主应力超过混凝土抗拉强度，并且坝体随着地震的发生变形更明显，因此，在设计和运行管理时需重点注意这些位置，采取抗震措施。

（3）冻融前后坝体拉伸损伤路径及分布规律基本相似，主要集中在坝踵、下游折坡处附近，但冻融后拉伸损伤面积明显变大，而冻融作用后，上游折坡处的裂缝扩展并贯穿整个坝体。在时间节点上，明显冻融作用后应力集中出现时间和裂缝出现时间均提前了 2s 左右。而对于冻融作用后只承受在静水压力、自身重力、扬压力等静荷载作用的坝体，拉伸损伤较小，只在坝踵处出现短小裂缝，也不如冻融后动水压力作用下的裂缝发展迅速，拉伸损伤范围更广，损伤时间更为提前。因此，下游折坡处需增加抗震措施或提高混凝土强度，坝体与坝基交接处也需重点注意。

本 章 参 考 文 献

［1］ 李萍. 基于冻融损伤的重力坝抗冻耐久性分析——以辽宁省观音阁水库为例 ［J］. 中国水能及电气化，2018（1）：34 - 37.

［2］ 李飞，李俊磊. 基于冻融损伤的重力坝抗冻耐久性分析 ［J］. 水电能源科学，2017，35（8）：73 - 75.

［3］ Powers T C. A working hypothesis for further studies of frost resistance of concrete ［J］. Journal of the American Concrete Institute，1945，16（4）：245 - 272.

［4］ Powers T C. Freezing effects in concrete，durability of concrete. 1975.

［5］ M. Pigeon. Freeze - thaw durability versus freezing rate ［J］. Aci Journal，1985，82（5）：684 - 692.

［6］ LITVAN，G. G. Phase Transitions of Adsorbates：Ⅳ，Mechanism of Frost Action in Hardened Cement Paste. ［J］. Journal of the American Ceramic Society，1972，55（1）：38 - 42.

［7］ Mikael P. J. Olsen. Mathematical modeling of the freezing process of concrete and aggregates. ［J］. Cement and Concrete Research，1984，14（1）：113 - 122.

［8］ 曹大富，富立志．冻融环境下普通混凝土力学性能的试验研究［J］．混凝土，2010（10）：34－36，40.

［9］ 王宏业．冻融环境下混凝土破坏的有限元模拟研究［D］．哈尔滨：哈尔滨工程大学，2009.

［10］ 冀晓东，宋玉普，刘建．混凝土冻融损伤本构模型研究［J］．计算力学学报，2011，28（3）：461－467.

［11］ 关虓，牛荻涛，王家滨，等．考虑塑性应变及损伤阈值的混凝土冻融损伤本构模型研究［J］．防灾减灾工程学报，2015，35（6）：777－784.

［12］ Liu K，Yan J，Zou C，et al. Cyclic Stress－Strain Model for Air－Entrained Recycled Aggregate Concrete after Freezing－and－Thawing Cycles［J］. ACI Structural Journal，2018，115（3）：711－722.

［13］ 商怀帅．引气混凝土冻融循环后多轴强度的试验研究［D］．辽宁：大连理工大学，2006.

［14］ 杜鹏，姚燕，王玲，等．混凝土冻融损伤演化方程的初步建立［J］．材料科学与工程学报，2013，31（4）：540－543.

［15］ 田威，邢凯，谢永利．冻融环境下混凝土损伤劣化机制的力学试验研究［J］．实验力学，2015，30（3）：299－304.

［16］ 段安，钱稼茹．混凝土冻融过程数值模拟与分析［J］．清华大学学报（自然科学版），2009，49（9）：1441－1445.

［17］ 郭旭．冻融环境下重力坝的地震响应分析［D］．大庆：东北石油大学，2021.

［18］ 孙兴龙．基于 Workbench 的冻融环境下 Y 型桥墩抗震性能分析［D］．沈阳：沈阳建筑大学，2021.

［19］ 过镇海．混凝土的强度和本构关系［M］．北京：中国建筑工业出版社，2004.

［20］ 王燕．冻融环境下混凝土力学行为及结构抗震性能研究［D］．西安：西安建筑科技大学，2017.

［21］ 富立志．冻融环境下混凝土单轴受拉性能的试验研究［D］．扬州：扬州大学，2010.

［22］ KAMYAB ZANDI HANJARI，PETER UTGENANNT，KARIN LUNDGREN. Experimental study of the material and bond properties of frost－damaged concrete［J］. Cement and Concrete Research，2011，41（3）：244－254.

［23］ 李金玉，曹建国，徐文雨，等．混凝土冻融破坏机理的研究［J］．水利学报，1999（1）：41－49.

［24］ 施士升．冻融循环对混凝土力学性能的影响［J］．土木工程学报，1997，（4）：35－42.

（a）引水渠混凝土阳面护坡　　　　　　　　（b）溢流面

（c）闸墩　　　　　　　　（d）前池左岸混凝土边墙

图 1.1　献多水电站混凝土破坏

（a）尾水边墙混凝土　　　　　　　　（b）面板混凝土涂层脱落

（c）溢流堰修补（聚脲涂层）　　　　　　（d）水电站桥墩混凝土（溶蚀、冻融破坏）

图 1.2　查龙水电站混凝土破坏

（a）无压泄洪隧洞（混凝土护坡修补）　　　　　（b）库岸喷锚结构破坏

（c）无压泄洪侧堰及边墙混凝土破坏

图 1.3　满拉水利枢纽工程混凝土破坏

（a）引水枢纽溢流坝段破坏严重　　　　　　　（b）压力前池溢洪道破坏严重

图 1.4（一）　松多水电站混凝土破坏

（c）引水渠内墙混凝土钢筋出露　　　　　　　（d）混凝土开裂破坏

图1.4（二）　松多水电站混凝土破坏

（a）混凝土护坡剥蚀　　　　　　　　（b）混凝土护坡（局部）剥蚀

图1.5　纳金水电站混凝土破坏

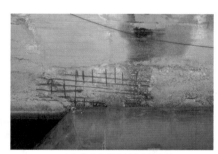

（a）引水钢管旁混凝土墙破坏　　　　　　　　（b）上游挡水墙破坏

（c）上闸墩沿施工缝裂缝（一）　　　　　　　（d）上闸墩沿施工缝裂缝（二）

图1.6　冰湖水电站混凝土破坏

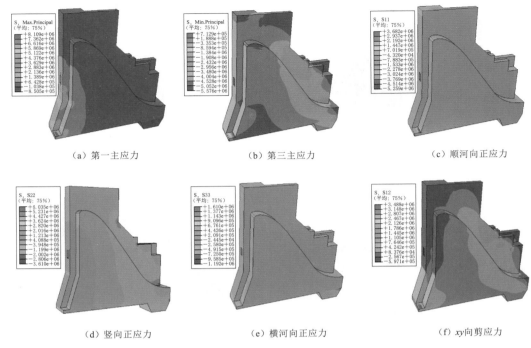

（a）第一主应力　　　　　　　（b）第三主应力　　　　　　　（c）顺河向正应力

（d）竖向正应力　　　　　　　（e）横河向正应力　　　　　　（f）xy向剪应力

图 4.18　各应力分量最大值时刻坝体应力分布图（单位：Pa）

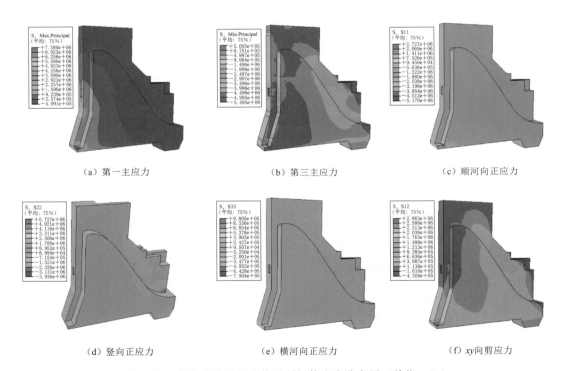

（a）第一主应力　　　　　　　（b）第三主应力　　　　　　　（c）顺河向正应力

（d）竖向正应力　　　　　　　（e）横河向正应力　　　　　　（f）xy向剪应力

图 4.21　各应力分量最大值时刻坝体应力分布图（单位：Pa）

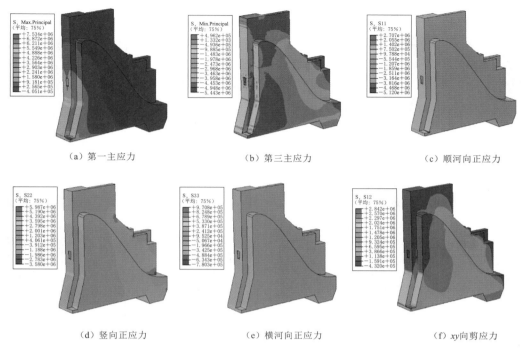

（a）第一主应力　　　　　　　　（b）第三主应力　　　　　　　　（c）顺河向正应力

（d）竖向正应力　　　　　　　　（e）横河向正应力　　　　　　　　（f）xy向剪应力

图 4.23　各应力分量最大值时刻坝体应力分布图（单位：Pa）

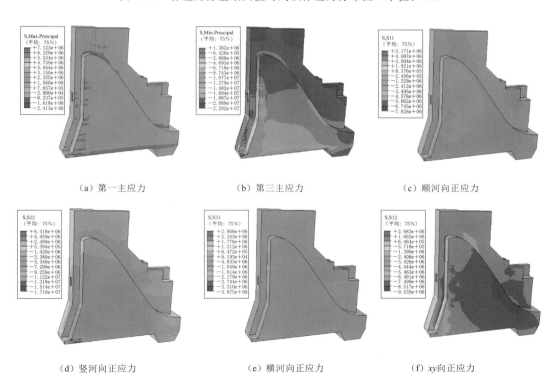

（a）第一主应力　　　　　　　　（b）第三主应力　　　　　　　　（c）顺河向正应力

（d）竖河向正应力　　　　　　　　（e）横河向正应力　　　　　　　　（f）xy向正应力

图 4.26　各应力分量最大值时刻坝体应力分布图（单位：Pa）

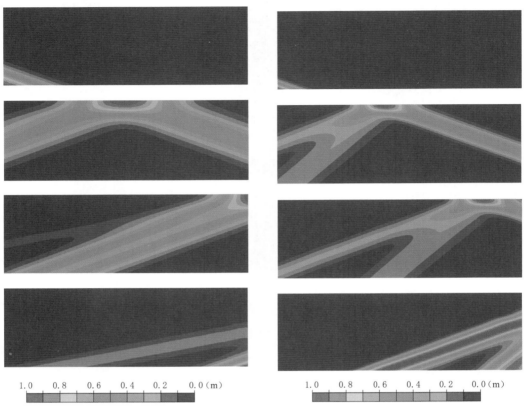

图 5.4　P 波 20°斜入射时半空间位移场云图　　　图 5.5　SV 波 20°斜入射时半空间位移场云图

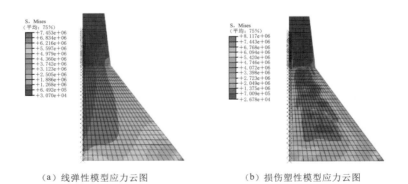

（a）线弹性模型应力云图　　　　　　　（b）损伤塑性模型应力云图

图 5.13　坝体线弹性与损伤塑性地震响应对比

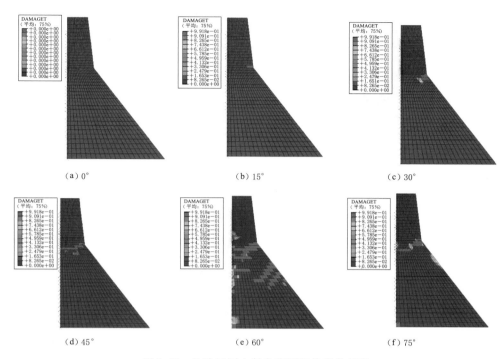

图 5.18　P 波不同入射角度下坝体损伤情况

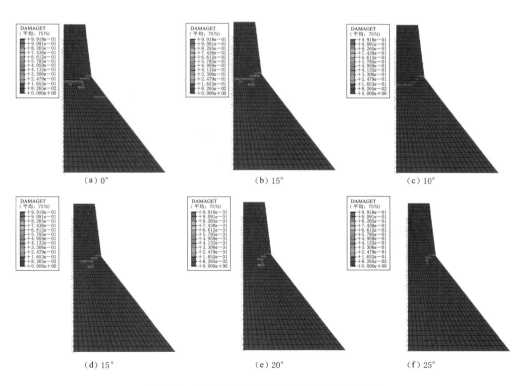

图 5.19　SV 波不同入射角度下坝体损伤情况

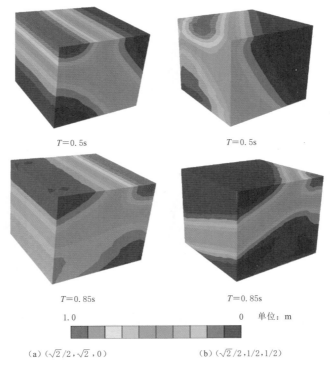

T=0.5s　　　　　　　　　　T=0.5s

T=0.85s　　　　　　　　　　T=0.85s

1.0　　　　　　　　　　0　单位：m

（a）$(\sqrt{2}/2,\sqrt{2},0)$　　　　　　　（b）$(\sqrt{2}/2,1/2,1/2)$

图 5.24　P 波斜入射时半空间位移场云图

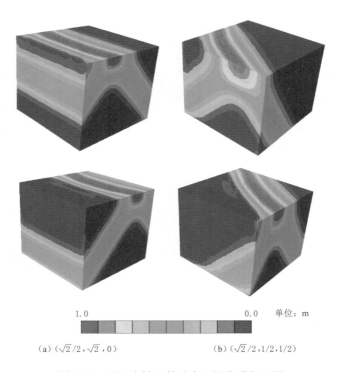

1.0　　　　　　　　　　0.0　单位：m

（a）$(\sqrt{2}/2,\sqrt{2},0)$　　　　　　　（b）$(\sqrt{2}/2,1/2,1/2)$

图 5.26　SH 波斜入射时半空间位移场云图

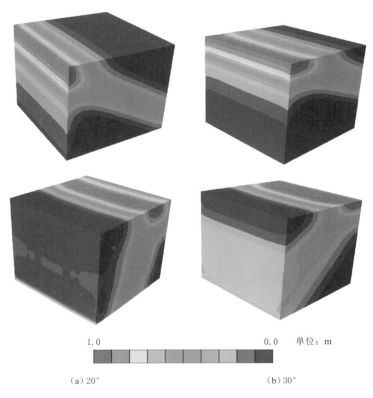

（a）20°   （b）30°

图 5.28　SV 波斜入射时半空间位移场云图

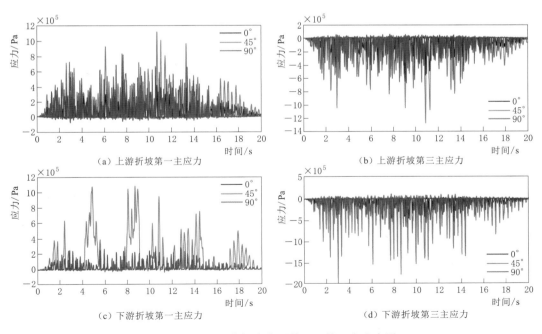

（a）上游折坡第一主应力

（b）上游折坡第三主应力

（c）下游折坡第一主应力

（d）下游折坡第三主应力

图 5.32（一）　特征点位置第一、第三主应力图

143

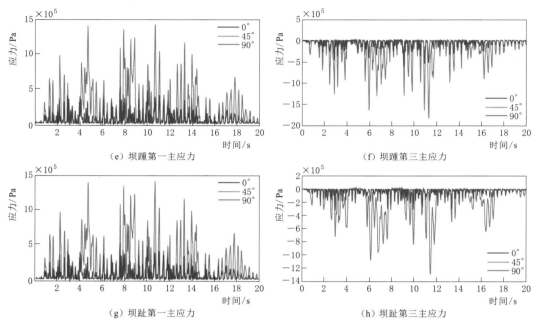

（e）坝踵第一主应力

（f）坝踵第三主应力

（g）坝趾第一主应力

（h）坝趾第三主应力

图 5.32（二） 特征点位置第一、第三主应力图

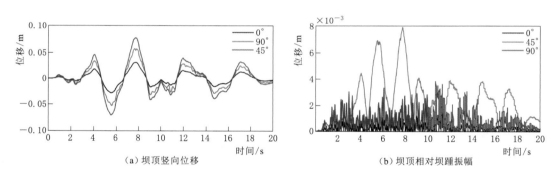

（a）坝顶竖向位移

（b）坝顶相对坝踵振幅

图 5.33 坝顶竖向位移与相对坝踵振幅

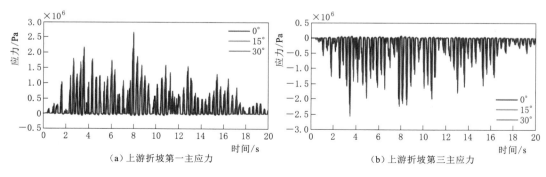

（a）上游折坡第一主应力

（b）上游折坡第三主应力

图 5.35（一） 特征点位置第一、第三主应力图

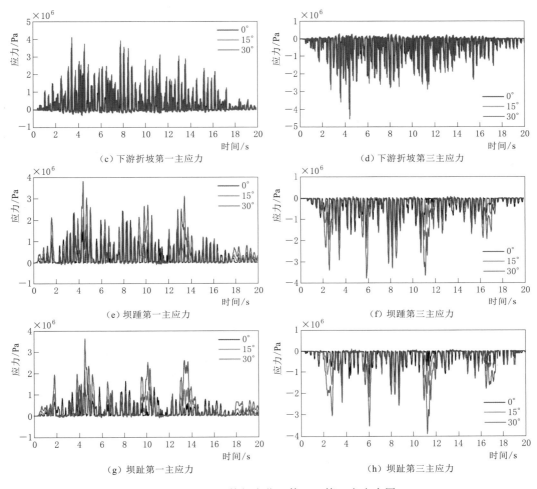

（c）下游折坡第一主应力

（d）下游折坡第三主应力

（e）坝踵第一主应力

（f）坝踵第三主应力

（g）坝趾第一主应力

（h）坝趾第三主应力

图 5.35（二） 特征点位置第一、第三主应力图

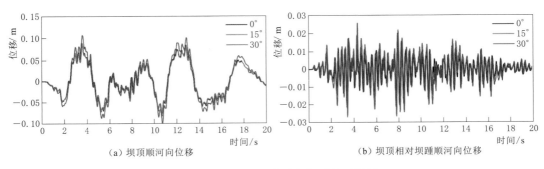

（a）坝顶顺河向位移

（b）坝顶相对坝踵顺河向位移

图 5.36 坝顶顺河位移与相对坝踵振幅

（a）冻融25次混凝土试件外观　　　　　（b）冻融50次混凝土试件外观

（c）冻融75次混凝土试件外观　　　　　（d）冻融100次混凝土试件外观

（e）冻融125次混凝土试件外观　　　　　（f）冻融150次混凝土试件外观

（g）冻融175次混凝土试件外观　　　　　（h）冻融200次混凝土试件外观

图6.19　不同冻融循环次数混凝土外观

（a）25次抗压破坏试件外观　　　　　　　　（b）50次抗压破坏试件外观

（c）75次抗压破坏试件外观　　　　　　　　（d）100次抗压破坏试件外观

（e）125次抗压破坏试件外观　　　　　　　　（f）150次抗压破坏试件外观

（g）175次抗压破坏试件外观　　　　　　　　（h）200次抗压破坏试件外观

图 6.20　不同冻融循环次数抗压强度试验后混凝土试件外观

（a）25次劈裂破坏试件外观

（b）50次劈裂破坏试件外观

（c）75次劈裂破坏试件外观

（d）100次劈裂破坏试件外观

（e）125次劈裂破坏试件外观

（f）150次劈裂破坏试件外观

（g）175次劈裂破坏试件外观

（h）200次劈裂破坏试件外观

图 6.22　不同冻融循环次数劈裂抗拉强度试验后混凝土试件外观

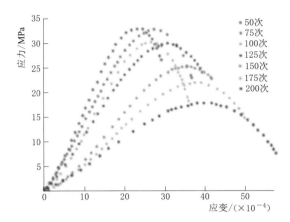

图 6.24 应力-应变曲线

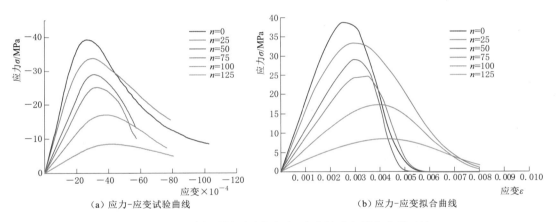

（a）应力-应变试验曲线

（b）应力-应变拟合曲线

图 6.28 不同冻融循环下的应力-应变试验与拟合曲线对比

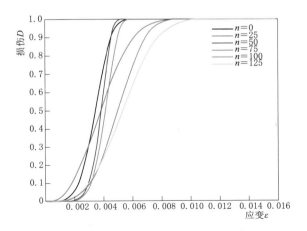

图 6.29 不同冻融循环下的总损伤变量与应变的关系

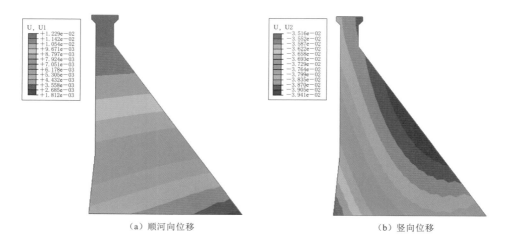

（a）顺河向位移 （b）竖向位移

图 7.13 冻融 0 次静水压力下顺河向和竖向位移

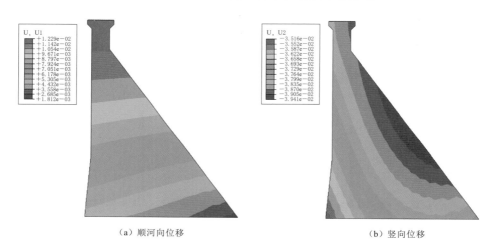

（a）顺河向位移 （b）竖向位移

图 7.14 冻融 100 次静水压力下顺河向和竖向位移

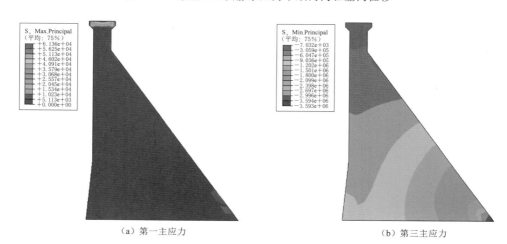

（a）第一主应力 （b）第三主应力

图 7.15 冻融 0 次静水压力下第一、第三主应力

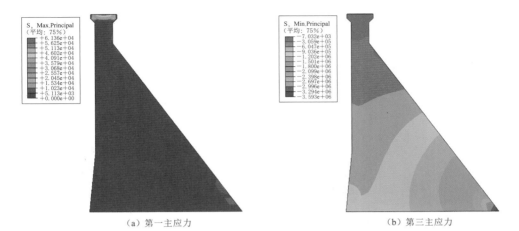

（a）第一主应力 （b）第三主应力

图 7.16 冻融 100 次静水压力下第一、第三主应力

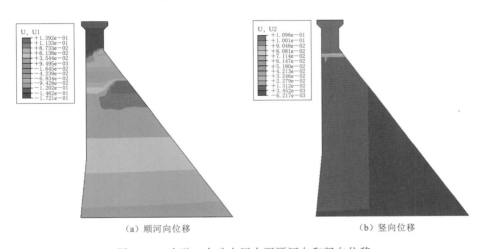

（a）顺河向位移 （b）竖向位移

图 7.17 冻融 0 次动水压力下顺河向和竖向位移

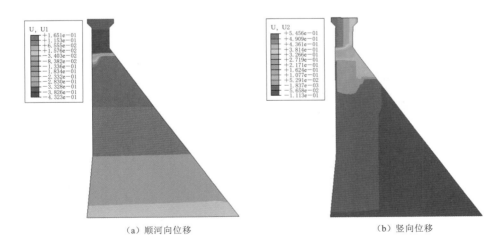

（a）顺河向位移 （b）竖向位移

图 7.18 冻融 100 次动水压力下顺河向和竖向位移

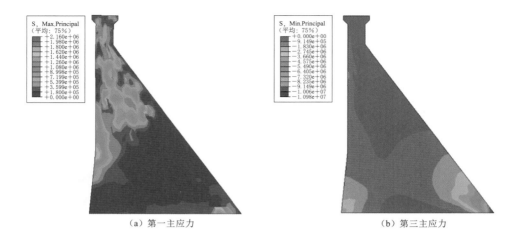

（a）第一主应力　　　　　　　　　　　　　　（b）第三主应力

图 7.19　冻融 0 次动水压力下第一、第三主应力

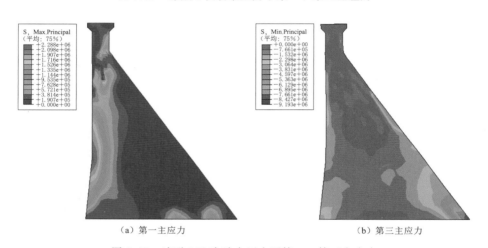

（a）第一主应力　　　　　　　　　　　　　　（b）第三主应力

图 7.20　冻融 100 次动水压力下第一、第三主应力

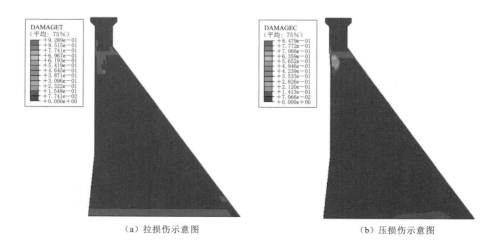

（a）拉损伤示意图　　　　　　　　　　　　　（b）压损伤示意图

图 7.21　冻融 0 次拉、压损伤示意图

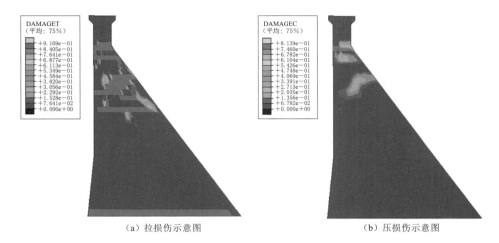

（a）拉损伤示意图　　　　　　　　　　　　　（b）压损伤示意图

图 7.22　冻融 100 次拉、压损伤示意图

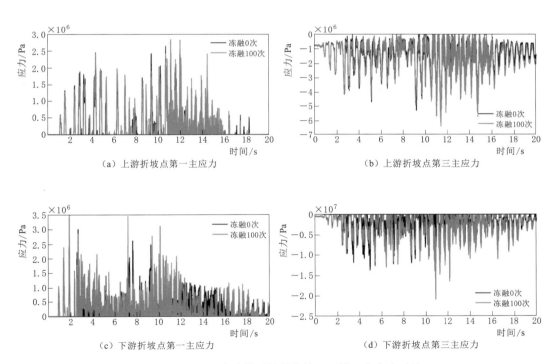

（a）上游折坡点第一主应力　　　　　　　　　（b）上游折坡点第三主应力

（c）下游折坡点第一主应力　　　　　　　　　（d）下游折坡点第三主应力

图 7.24（一）　冻融前后特征点第一、第三主应力对比

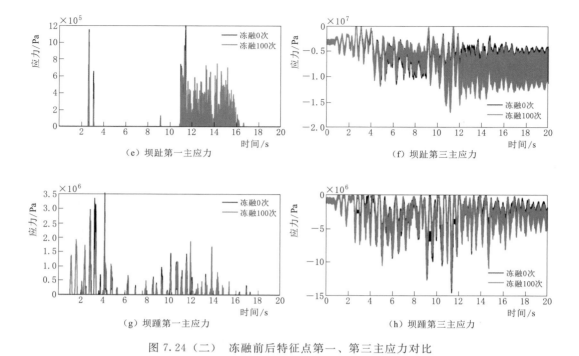

（e）坝趾第一主应力   （f）坝趾第三主应力

（g）坝踵第一主应力   （h）坝踵第三主应力

图 7.24（二） 冻融前后特征点第一、第三主应力对比